听专家田间讲课

薯芋类蔬菜
高产栽培技术问答

劳秀荣　主编

中国农业出版社

薯芋类蔬菜

中国农业出版社

出版说明

CHUBAN SHUOMING

　　保障国家粮食安全和实现农业现代化，最终还是要靠农民掌握科学技术的能力和水平。为了提高我国农民的科技水平和生产技能，向农民讲解最基本、最实用、最可操作、最适合农民文化程度、最易于农民掌握的种植业科学知识和技术方法，解决农民在生产中遇到的技术难题，中国农业出版社编辑出版了这套"听专家田间讲课"丛书。

　　把课堂从教室搬到田间，不是我们的最终目的，我们只是想架起专家与农民之间知识和技术传播的桥梁；也许明天会有越来越多的我们的读者走进校园，在教室里聆听教授讲课，接受更系统、更专业的农业生产知识与技术，但是"田间课堂"所讲授的内容，可能会给读者留下些许有用的启示。因为，她更像是一张张贴在村口和地头的明白纸，让你一看就懂，一学就会。

本套丛书选取粮食作物、经济作物、蔬菜和果树等作物种类，一本书讲解一种作物或一种技能。作者站在生产者的角度，结合自己教学、培训和技术推广的实践经验，一方面针对农业生产的现实意义介绍高产栽培方法和标准化生产技术；另一方面考虑到农民种田收入不高的实际问题，提出提高生产效益的有效方法。同时，为了便于读者阅读和掌握书中讲解的内容，我们采取了两种出版形式，一种是图文对照的彩图版图书，另一种是以文字为主、插图为辅的袖珍版口袋书，力求满足从事农业生产和一线技术推广的广大从业者多方面的需求。

期待更多的农民朋友走进我们的田间课堂。

2016 年 6 月

目录
MULU

出版说明

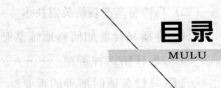

一、马铃薯高产栽培技术 / 1

（一）概述 ……………………………………… 1

1. 马铃薯的起源与分布如何？ …………… 1

2. 马铃薯生产与市场发展前景如何？ …… 3

3. 马铃薯有哪些形态特征？ ……………… 7

4. 马铃薯有哪些生长发育特性？ ………… 11

5. 马铃薯各生长发育时期
有何特点？ …………………………… 13

6. 马铃薯对生态环境有何要求？ ………… 15

7. 我国马铃薯栽培区划如何？ …………… 19

8. 马铃薯有哪些类型与品种？ …………… 22

（二）马铃薯高产栽培关键技术 ·············· 32

9. 春播马铃薯如何整地施基肥？ ·········· 32

10. 怎样精选种薯？ ············ 35

11. 马铃薯适时播种的重要性

　　有哪些？ ·········· 42

12. 马铃薯播种方法有几种？ ········· 43

13. 春马铃薯田间管理的技术

　　要点是什么？ ·········· 46

14. 如何做好春马铃薯出苗前后的

　　田间管理？ ·········· 46

15. 春马铃薯如何进行追肥？ ·········· 47

16. 春马铃薯田间水分管理的

　　要点是什么？ ·········· 48

17. 马铃薯生长期间为什么

　　要中耕培土？ ·········· 49

18. 春马铃薯需要整枝吗？ ·········· 50

19. 如何做好春马铃薯的

　　采收与分级？ ·········· 51

20. 秋马铃薯栽培应注意哪些问题？ ······ 52

21. 种薯选择时应注意哪些问题？ ········ 53

22. 阳畦种薯培育技术的

优点是什么？ ················ 54

23. 阳畦种薯培育技术要点有哪些？ ······ 55

24. 秋播前种薯如何正确处理？ ··········· 57

25. 秋薯如何播种？ ················ 58

26. 如何对秋薯进行田间管理？ ········· 60

27. 秋薯何时收获为好？ ·············· 60

28. 马铃薯间作套种的意义何在？ ······· 61

29. 马铃薯与其他农作物间作套种

有哪几种模式？ ················ 61

（三）马铃薯病虫害防治技术 ················ 67

30. 如何诊断和防治马铃薯病毒病？ ······ 67

31. 如何诊断和防治马铃薯晚疫病？ ······ 70

32. 如何诊断和防治马铃薯早疫病？ ······ 72

33. 如何诊断和防治马铃薯环腐病？ ······ 73

34. 如何诊断和防治马铃薯癌肿病？ ······ 74

35. 如何诊断和防治马铃薯疮痂病？ ······ 75

36. 如何诊断和防治马铃薯黑痣病？ ······ 76

37. 如何诊断和防治马铃薯青枯病？ ······ 78

38. 马铃薯有哪些生理性病害？ ··········· 80

39. 如何诊断和防治马铃薯

块茎空心病？ ················ 80

40. 如何诊断和防治马铃薯

　　块茎黑心病? ················· 81

41. 如何诊断和防治马铃薯

　　块茎裂口? ················· 82

42. 如何识别和防治马铃薯瓢虫? ······· 83

43. 如何识别和防治马铃薯蚜虫? ······· 85

44. 如何识别和防治马铃薯块茎蛾? ······ 86

45. 如何识别和防治马铃薯

　　地下害虫? ················· 88

二、 山药高产栽培技术 / 90

（一）概述 ················· 90

46. 山药的起源与食用价值有哪些? ······ 90

47. 山药有哪些生物学特性? ········· 91

48. 山药的生长发育周期有何特点? ······ 93

49. 山药对环境条件有何要求? ········ 94

（二）山药高产栽培技术 ··········· 95

50. 适合我国各地栽培的山药品种

　　有哪些? ················· 95

51. 山药有哪些繁殖方法? ········· 100

52. 山药有哪些栽培方法？ ……………… 103

53. 大田栽培山药的技术要点

有哪些？ …………………………… 106

（三）山药病虫害防治技术 ………………… 112

54. 山药主要病虫害有哪些？ …………… 112

55. 如何诊断和防治山药炭疽病？ ……… 113

56. 如何诊断和防治山药叶斑病？ ……… 114

57. 如何诊断和防治山药茎腐病？ ……… 115

58. 如何诊断和防治山药

根结线虫病？ …………………… 116

59. 如何诊断和防治山药

根腐线虫病？ …………………… 117

60. 如何识别和防治棉红蜘蛛？ ………… 118

三、 甘薯高产栽培技术 / 121

（一）概述 ……………………………………… 121

61. 甘薯生产发展前景如何？ …………… 121

62. 种植叶用甘薯前景如何？ …………… 125

63. 甘薯有哪些形态特征？ ……………… 126

64. 甘薯各生育期有何特点？ …………… 128

65. 甘薯对生态条件有何要求？………… 129

（二）甘薯高产栽培技术 ……………… 131

66. 甘薯有哪些类型和品种？………… 131

67. 甘薯繁殖方法有几种？………… 135

68. 甘薯育苗方式有几种？………… 136

69. 如何整地施肥？………………… 142

70. 甘薯栽插技术有哪些？………… 144

71. 甘薯田间管理的关键技术
   有哪些？………………………… 147

72. 甘薯收获时应注意哪些事项？… 152

（三）甘薯病虫害防治技术 …………… 153

73. 甘薯病虫害有哪些综合
   防治技术要点？………………… 153

74. 如何诊断和防治甘薯黑斑病？…… 154

75. 如何诊断和防治甘薯茎线虫病？…… 157

76. 如何诊断和防治甘薯瘟病？………… 160

77. 如何诊断和防治甘薯根腐病？…… 162

78. 如何识别和防治甘薯象鼻虫？…… 163

79. 如何识别和防治甘薯天蛾？…… 164

80. 如何识别和防治甘薯麦蛾？………… 165

81. 如何识别和防治甘薯地下害虫？… 166

四、| 毛芋高产栽培技术 / 167

（一）概述 ……………………………………… 167

82. 芋的栽培及分布情况如何? ………… 167

83. 芋的营养价值及用途如何? ………… 168

84. 芋的植物学形态特征有哪些? ……… 170

85. 芋头各生长发育周期
有哪些特点? ……………………… 172

86. 芋头对环境条件有哪些要求? ……… 173

87. 如何诊断和防治芋头
各种缺素症? ……………………… 177

88. 芋头主要栽培类型与品种
有哪些? …………………………… 182

（二）毛芋高产栽培技术 ……………………… 188

89. 魁芋旱地栽培技术有哪些? ………… 188

90. 魁芋水田栽培技术有哪些? ………… 195

91. 魁芋水旱两段式高产栽培技术
有哪些? …………………………… 198

92. 多头芋高产栽培技术有哪些? ……… 199

93. 花柄用芋高产栽培技术有哪些? …… 202

（三）毛芋主要病虫害防治技术 ………… 205

　94. 如何诊断和防治芋疫病？ ………… 205

　95. 如何诊断和防治芋软腐病？ ………… 207

　96. 如何诊断和防治芋病毒病？ ………… 209

　97. 如何识别和防治芋斜纹夜蛾？ ……… 210

　98. 如何识别和防治红蜘蛛？ ………… 212

　99. 如何识别和防治地下害虫？ ………… 212

主要参考文献 ………………………………… 214

一、马铃薯高产栽培技术

(一) 概述

1. 马铃薯的起源与分布如何？

马铃薯属茄科、茄属一年生草本，其块茎可供食用，是重要的粮、菜兼用作物。马铃薯的别名很多，如土豆、土卵、地豆、地蛋、山药蛋、荷兰薯、爱尔兰薯、爪哇薯、番芋、番人芋、洋山芋、洋芋等。不同地方的人们对其冠有不同的名字，如北京及东北各省多叫土豆，山西叫山药蛋，山东鲁南（滕州）叫地蛋，云南、贵州一代叫洋山芋或芋，广西叫番鬼慈薯，安徽部分地区又叫地瓜，香港、广州习惯称其为薯仔。意大利叫地豆，法国叫地苹果，德国叫地梨，美国叫爱尔兰豆薯，俄国叫荷兰豆薯等。鉴于各地名字的混乱，植物学家给其起了个世界通用的学名——马铃薯。

马铃薯原产于南美洲的智利、秘鲁、安第斯山及西部沿海岛屿。分布范围极广，环境条件差异很大，从而促使马铃薯新种不断形成。到目前为止，已经定名的栽培品种有 20 余个，野生种 150 余个，但以智利的普通栽培种栽培面积最大。马铃薯 1565 年传入爱尔兰，1570 年由南美洲传入西班牙、葡萄牙，1587 年传入意大利，1600 年传入奥地利、德国，1726 年在德国得到普及并传入瑞士。中国的马铃薯栽培始于 1700 年（即康熙三十九年），由荷兰首先传入我国台湾及福建松溪。直到今天，马铃薯还保持着爱尔兰薯、荷兰薯或爪哇薯的名字。

目前马铃薯已遍及全世界，在世界上温带、热带和亚热带 140 多个国家均有栽培，尤其是欧洲、美洲等温带国家，马铃薯在日常生活膳食结构中作为主要食物，占有非常重要的地位。荷兰是世界上马铃薯生产水平最高的国家，培育的优良种苗远销世界各国。从全世界来看，马铃薯的栽培面积仅次于水稻、小麦和玉米，其重要性可想而知。

马铃薯在我国的栽培历史虽不是很长，但因

其生育期短，产量高，用途广，可以粮菜兼用，而且省工、省肥，栽培技术简单，因此全国各地均有栽培。尤其是我国西南山区，东北和黄土高原各省，马铃薯是当地的主要粮食和蔬菜作物，播种面积占到全国的 85％以上。中国的种植面积约为 500 万公顷，居世界第一。虽然我国马铃薯种植面积居世界首位，但据联合国粮农组织网站显示，2006 年我国马铃薯单产排在世界第 88位，与世界平均水平相比还有一定差距，与世界马铃薯生产发展水平较高的国家相比差距更大。我国马铃薯生产不仅单产低于世界平均水平，而且品质也较差，其产品在国际市场上缺乏竞争力。

2. 马铃薯生产与市场发展前景如何？

我国是世界上马铃薯生产大国，马铃薯种植面积广，生产量大，产品市场发展潜力大，前景广阔。随着国际经济的重心东移，中国将成为亚太地区的马铃薯生产、加工和销售基地。目前我国农业结构战略性调整步伐日益加快，特别是西部开发战略的全面启动，食品业、畜牧业、工业原料等对马铃薯的需求将会不断增加，马铃薯产业将会保持强劲的发展势头。马铃薯还具有抗逆性强、适应性广、生育期短、植株矮小、便于间套作、播收季节较灵活和栽培简单等特点，深受农民喜爱。马铃薯在我国有良好的发展前景。

（1）**种植面积逐年扩大**。我国马铃薯种植以东北、华北、西北和西南等地区为多。近年来随着新品种的育成和推广，留种技术的改进，种植面积也在逐渐扩大。过去认为中原地区气候炎热，种薯退化严重，不适宜马铃薯种植。近年来由于进行了技术改进，推行间、套作和采取有效的防退化留种方式，现已成为马铃薯高产区，并成为商品薯、出口种薯生产基地之一。东南沿海的闽、粤等省，利用稻作后的冬闲地栽培马铃薯，除供应当地市场外，还可出口。利用冬闲地栽植马铃薯，具有广阔的发展前景。此外，在马铃薯加工业的带动下，马铃薯的种植面积将进一步增加。

（2）**产量逐年提高**。马铃薯一般亩①产可达

---

① 亩为非法定计量单位，1 亩=1/15 公顷≈667 米²。——编者注

1 000～1 500千克，高产可达5 000千克以上，比其他粮食作物单位面积的干物质产量高2～4倍。若以每亩所产的淀粉量作标准，在主要经济作物中很少有一种作物能与马铃薯相比。随着种薯质量的改善、病虫害防治技术的提高、投入的增加以及新品种的推广应用，今后马铃薯单产水平将有较大的提高。

（3）**为理想的粮菜兼用作物**。马铃薯既是粮食又是蔬菜。在我国生育期短的北方或高寒山区，当地人多以马铃薯作为主要粮食。马铃薯除蒸、煮、煨等食用外，还可通过烹饪制成多种多样的食品。

（4）**为良好的饲料作物**。在发展畜牧业方面，马铃薯是一种良好的饲料。其块茎可作饲料，茎叶可作青贮饲料和青饲料，是猪、牛的好饲料。对家禽而言，马铃薯的蛋白质很易消化，是价值较高的饲料。在单位面积内，马铃薯可获得的饲料单位和可消化的蛋白质数量是一般作物所不及的。

（5）**为培肥地力首选的前茬与绿肥作物**。马铃薯在作物轮作制中是肥茬，宜作各种作物的前茬。因为农民在种植马铃薯时,有施用有机肥料的习惯,有效地改善了土壤的理化性状,提高了土壤肥力。同时种植马铃薯要进行中耕除草和培土,消灭了杂草,疏松了土壤,为后茬作物提供了良好的生长环境。马铃薯的茎叶适合做绿肥。一般每亩马铃薯可产新鲜茎叶 2 000 千克,其氮、磷、钾含量比绿肥作物紫云英还高,马铃薯收获后用茎叶翻压做绿肥,可提高后茬作物的产量。

(6) **为很好的救灾作物**。马铃薯生育期短,播种期灵活机动。早熟品种生育期一般需 60 天,晚熟品种只有 100 天左右,只要能保证它生育日数的需要,则可随时播种。因而当其他作物在生育期间遭受严重的自然灾害而无法继续种植时,马铃薯则是一种很好的救灾作物。

(7) **为理想的间套复种作物**。马铃薯可与粮、菜、棉、烟、药等作物间、套、复种,有效地提高了土地与光能利用率,增加了土地单位面积的产量。

(8) **具有很强的适应性**。马铃薯对土壤要求不高,土壤 pH4.8~7.1 都能正常发育,肥沃的沙质土壤最为适宜。在较黏重的土壤中也能获得理想的产量。由于马铃薯的适应性强，许多地区不适宜种植水稻、小麦的土地种植马铃薯，也能获得满意的收成。

（9）**具有广泛的用途**。马铃薯是制造淀粉、糊精、葡萄糖和酒精的主要原料。淀粉也是纺织业、食品业和铸造业所需的原料。一般每吨马铃薯可制成淀粉 140 千克或糊精 100 千克或 40°的酒精 96 升或合成橡胶 15～17 千克。以单位面积作比较，每亩所产的马铃薯可制造酒精 1 660 升，而每亩所产大麦仅可制造 360 升。另外，马铃薯还可用于加工油炸薯片、速冻薯条、膨化食品和方便面等。

3. 马铃薯有哪些形态特征？

马铃薯的形态特征与它的经济性状密切相关，一株马铃薯由根、茎（地下茎、地上茎、匍匐茎和块茎）、叶、花和果实组成。

（1）**根系的形态特征**：生产上用薯块进行无性繁殖，生的根呈须根状态，称为须根系。须根系分为两种，即最初长出的初生根和以后形成的匍匐根。块根遇有适宜的温湿度条件发芽后，便在芽的基部发生初生根，也叫做芽眼根。它们生长得早，分枝能力强，分布广，是马铃薯的主体根系，在薯苗出土前就能形成大量的根群，靠这些根的根毛吸收养分和水分。匍匐根都在土壤表层，根短并很少有分枝，但是吸收磷素的能力很强，并能在很短时间内把吸收的磷素输送到地上部的茎叶中去。马铃薯的根系大都在 30 厘米左右的土壤表层。一般早熟品种的根系比晚熟品种的根系长势弱，数量少，入土浅。

(2) **茎的形态特征**：马铃薯的茎有 4 种，即地下茎、地上茎、匍匐茎和块茎。

地上茎：从地面向上的主干和分枝统称为地上茎，是由种薯芽眼萌发的幼芽发育成的枝条。茎上有节，节部着生枝、叶。在栽培品种中，马铃薯地上茎一般都是<u>直立型或半直立型</u>，很少见到匍匐型。其高度大约为 30～100 厘米，早熟品种的地上茎比晚熟品种的矮。

地下茎：地表以下的茎为地下茎，节间很短，一般有 6～8 个节。在节间处生匍匐根和匍匐茎，是植株养分和水分运输的枢纽，对植株生长和块茎膨大起着承上启下的作用。下部茎为白色，靠近地表处稍有绿色或褐色，老时多变为褐色。地下茎长度因播种深度和生长期培土厚度的不同而有所差异，一般10厘米左右。

匍匐茎：马铃薯的匍匐茎也是长在地下的，是由主茎的地下部分演变而来，它的尖端膨大就长成了块茎。叶片制造的有机物质通过匍匐茎输送到块茎里。早熟品种当幼苗长到5～7片叶时，晚熟品种长到8～10片叶时，地下茎节就开始生长匍匐茎，其长度演变为3～10厘米。匍匐茎短的结薯集中，过长的结薯分散。一般1个主茎上能长出4～8个匍匐茎。

块茎：马铃薯的块茎就是通常所说的薯块，是主要的食用器官。叶片制造的有机营养物质绝大部分都贮藏在块茎里。它是贮存营养物质的"仓库"，同时以无性繁殖的方式繁衍后代。马铃薯的块茎是由匍匐茎尖端膨大形成的一个缩短而肥大的变态茎，具有地上茎的各种特征。但块茎没有叶绿体，表皮有白、黄、红、褐等不同颜色。块茎圆形或椭圆形等。块茎上有芽眼，相当于地上茎节上的腋芽，芽眼由芽眉和1个主芽及2个以上副芽组成。

(3) **叶片的形态特征**：马铃薯的叶为奇数羽状复叶，由 1 个顶生小叶，还有 3～4 对侧生小叶以及小叶柄和小叶之间中肋上着生的裂片叶构成。在每个叶柄的基部两侧还着生一对托叶，形似镰刀。叶片的颜色由黄绿到暗绿，依品种和栽培条件而异。

(4) **花的形态特征**：马铃薯的花序为分枝型的聚伞花序，花序主干叫花序总梗，也叫花序轴，它着生在地上主茎和分枝最顶端的叶腋和叶枝上。花冠是五瓣连接轮状，有外重瓣、内重瓣之分。品种不同，花冠颜色也不同，有白、浅红、浅紫、浅粉、紫、蓝等色。花冠中心有 5 个雄蕊围着 1 个雌蕊。一般情况下，在第一和第二花序开放时，地下部块茎进入旺盛膨大期，菜农们会根据开花的时间进行合理肥水管理，以期获得高产。

(5) **果实和种子的形态特征**：马铃薯属于自花授粉作物，在没有昆虫传粉的情况下，异花授粉率很低，仅为 0.5% 左右。马铃薯的果实为球形或椭圆形，浆果。果实由硬变软时就成熟了。种子很小，肾形。种子的休眠期很长，叶柄长达

6个月。马铃薯的果实和种子是进行有性繁殖的唯一特有器官。虽然可以用来繁殖，但生产上很少采用。由于实生种子在有性繁殖的过程中能够排除一些病毒，所以在有保护措施的条件下，用实生种子继代繁殖的种薯可以不带病毒。20世纪90年代以来利用实生种子生产种薯，已经成为防止马铃薯退化的一项有效措施。

4. 马铃薯有哪些生长发育特性？

（1）**喜凉特性**：马铃薯植株的生长和块茎的膨大具有喜欢冷凉的特性。由于马铃薯的原产地南美洲安第斯山为高山气候冷凉区，年平均气温为5~10℃，最高平均气温约为21℃，所以，马铃薯植株和块茎在生物学上就形成了只有在冷凉气候条件下才能很好生长的自然特性。特别是在结薯期叶片中的有机营养只有在夜间温度低的情况下才能输送到块茎里。因此，马铃薯非常适合在高寒冷凉的地带种植。

（2）**分枝特性**：马铃薯的地上茎、地下茎、匍匐茎和块茎均有分枝的能力。地上茎分枝长成枝杈，不同品种马铃薯的分枝多少和早晚不一样。一般早熟品种分枝晚，分枝数少，而且大多是上部分枝；晚熟品种分枝早，分枝数量多，多为下部分枝。地下茎的分枝，在地下环境中形成匍匐茎，其尖端膨大就长成了块茎。匍匐茎的节上有时也长出分枝，只不过它尖端结的块茎不如原匍匐茎结的块茎大。块茎在生长过程中，如果遇到特殊情况，它的分枝就形成了畸形薯块。

(3) **再生特性**：如果把马铃薯的主茎或分枝从植株上取下来，在适宜的水分、温度和空气条件下，下部节上就能长出新根（实际是不定根），上部节的腋芽也能长出新的植株。如果植株地上茎的上部遭到破坏，其下部很快就能从腋芽长出新的枝条，来接替被损坏部分制造营养和上下输送营养的功能，使下部薯块继续生长。

(4) **休眠特性**：收获的块茎，如果放在最适宜的发芽条件下，即 20℃的温度、90%的相对湿度、20%浓度的氧气，几十天也不会发芽，就像睡觉一样，这种现象叫块茎的休眠。休眠的块茎，呼吸微弱，维持着最低的生命活动，经过一定的贮藏时间，"睡醒"了才能发芽。这是马铃薯在发育过程中为抵御不良环境而形成的一种适应性。马铃薯从收获到萌芽所经历的时间叫休眠期。休眠期的长短因品种而异。有的休眠期很短，有的休眠期很长。一般早熟品种休眠期长。同一品种，如果贮藏条件不同，则休眠期长短不一，即贮藏温度高的休眠期缩短，贮存温度低的休眠期会延长。另外，由于块茎的成熟度不同，块茎休眠期的长短差异也很大。幼嫩块茎的休眠期比完全成熟块茎的长，微型种薯比同一品种的大种薯休眠期长。

5. 马铃薯各生长发育时期有何特点？

马铃薯生产上用块茎做种，自萌芽到新生块茎收获贮藏，需要经过发芽期、幼苗期、发棵期、结薯期和休眠期5个时期。不同的发育期对环境条件有不同的要求。

(1) 发芽期： 从种薯解除休眠，芽眼处开始萌芽到幼芽出土为发芽期。萌芽所需营养来自种薯，管理上应创造适宜条件，利用自然或人工的办法，令其解除休眠，加速根茎叶原基的分化和生长。发芽期春季为25～35天，秋季10～20天。种薯收获后一般要经过5个月的储藏，才能达到发芽最适生理时期。

(2) 幼苗期： 从出苗到主茎第一叶序环的叶

片完成为幼苗期，以第 6 或第 8 叶平展为此期的
终止标志，俗称团棵。此期除茎叶及初生根生长
外，还有匍匐茎发生。匍匐茎开始膨大，茎叶分
化完成，顶端孕育花蕾。此时植株尚未封行，要
及时中耕培土，保证肥水供应，以促进根系发
育。幼苗期需时 15～20 天。

（3）**发棵期**：从幼苗团棵到主茎形成第二叶
序环，封顶叶片展平，完成主茎的第三段生长为
发棵期。一般早熟品种第一花序已开花并发生第
一对顶生侧枝。晚熟品种于第二花序开花并于花
序下发生第二对侧枝，主茎上也发生部分侧枝，
需时为 20 天左右。此期地下根系、地上茎叶及
块茎膨大至 3 厘米左右，生长速度加快，是建立
强大同化系统和开始转向块茎旺盛生长的重要时
期。此阶段养分消耗多，积累少，块茎膨大很
慢。这时低温、短日照有利于茎叶生长。春马铃
薯的茎叶产量与薯块产量之比为 2：1，秋薯为
1：1。在生产中，若追肥过晚，氮肥过多、多
雨、弱光等，都会使养分大量消耗于茎叶生长。
反之，磷、钾肥料多、天气晴朗、强光等，有利
于块茎的生长。

（4）**结薯期**：从主茎顶叶展平到茎叶变黄为结薯期，需时约 45 天。此期昼夜温差大，有利于光合产物的积累和向块茎输送，养分消耗少，积累多，产量的 80% 在此阶段形成。结薯前中期宜保持肥水供应充足，防止茎叶早衰，促进块茎膨大。后期应控制肥水供应，促使块茎周皮老化，以利收获贮藏。此期若供应肥水不均衡，温度时高时低，会导致块茎畸形。

（5）**休眠期**：马铃薯开花结束后，地上部茎叶变黄枯死，薯块进入休眠期，即使遇到合适的发芽条件也不会发芽，这是自然休眠，也称为生理性休眠，一般需时 1～2 个月，长的可达 3 个月以上。自然休眠期过后，在 2～4℃ 的低温条件下，块茎可以长期保持休眠状态。

6. 马铃薯对生态环境有何要求？

（1）**对温度的要求**：马铃薯喜冷凉、怕霜冻、不耐高温，高温对块茎的形成十分不利。块茎萌发的适温为 12～18℃，10℃ 时萌发缓慢，萌发的最低临界温度为 4℃。地温在 10～13℃ 发芽迅速，出苗很快。但低温时萌发的薯芽粗壮，高温时萌发的薯芽细弱。茎叶生长的适温为

18℃左右，6～9℃生长缓慢，叶片扩展的温度下限是7℃，温度下降到1℃时植株受冻死亡。温度高于25℃时茎叶生长缓慢，30℃以上呼吸作用增强，造成养分分配失调。

块茎对温度的反应比茎叶更为敏感，发育的适温是夜间为12～14℃，白天20～25℃。土壤适温为16～18℃，最高不能超过21℃，25℃以上不利于块茎膨大。高温会使呼吸作用加强，使消耗大于积累。若遇干旱，块茎表皮老化粗糙，薯块瘦小，还易行成畸形薯，且降低淀粉含量和食用品质。块茎和植株都不耐霜冻，气温在0℃以下易受霜害，－4℃时植株和块茎全部冻死。因此在反季节栽培马铃薯时，前期的保温尤为重要。

（2）**对水分的要求**：萌芽期水分来源于薯块本身，播种后至幼苗期，要求土壤含水量保持在50％～60％，即前期稍干一些。从发根开始，要求土壤含有充足的水分，即田间持水量应保持在70％～80％之间，而发棵后期要求土壤含水量降至60％，适当控制茎叶生长，以利适时进入结薯期。

结薯期块茎生长迅速，植株需水量大，要求土壤含水量占饱和持水量的 80％～85％。块茎膨大后期，要注意减少浇水量，提高土壤透气性，防止由于土壤板结和内部缺氧而引起生理性烂薯。采收前，若土壤湿度大时，会降低薯块的耐储藏性。结薯期若土壤水分供应不均衡，土温又时高时低时，极易引起块茎产生细腰薯、子薯和球链薯。

（3）**对光照的要求：**马铃薯是一种喜光作物，在不同生育期对光照度和光周期有较强的反应。种薯萌芽期无须见光，光线会抑制薯芽的伸长，促其加粗，使组织老化，产生色素。幼苗期和发棵期需要较强的光照。若光照不足，植株密度过大，互相遮阴，导致茎叶徒长，延迟块茎的形成期，降低植株抗病性。块茎形成期需要短日照，一般每天日照时间在11～13 小时，茎叶茂盛，光合作用强，块茎形成速度快，产量高。

（4）**对土壤环境的要求：**马铃薯的根系分布较浅，块茎生长需要足够的氧气。最适宜种植马铃薯的土壤是富含有机质、土层深厚、肥沃疏松、排灌便捷、酸碱度适中的沙壤土或壤土。

马铃薯喜偏酸性土壤，土壤 pH4.8～7.0 均能正常生长，最适土壤 pH 为 5.0～5.5，酸、碱性大时影响出苗。多数品种在土壤 pH5.64～6.05 之间均可生长良好，而且在酸性土壤上，块茎淀粉含量有增加的趋势。

(5) 对肥料的要求： 马铃薯需要较多的养分，尤其是对钾肥最为突出。据测定，每生产 1 000 千克新鲜的块茎需吸收氮 5～6 千克、磷 1～3 千克、钾 12～13 千克，钾氮磷之比为 4：2：1。

马铃薯最喜农家肥。追肥应早施，及时供应提苗和发棵之需。钾元素是马铃薯的品质元素，钾肥对马铃薯碳水化合物的代谢与运输、淀粉的合成与积累均有重要作用。钾肥充足，才能保证高产优质，不仅植株苗壮，枝叶坚实，叶片肥厚，抗病性强，对促进光合作用和块茎膨大有重要作用。钾肥不足，生长受抑制，茎节间变短，植株矮化，叶面积缩小，叶色暗绿逐渐变为古铜色，叶缘褐色并继而枯死。薯块多呈长形或纺锤形，薯肉呈灰黑色。钾肥施用过量，会抑制产量的增加；氮肥充足，茎叶繁茂，叶色浓绿，光合作用旺盛，有利于有机物质的积累，增产效果显著。氮肥过多，则茎叶徒长，延迟成熟，产量和品质均会降低；磷肥的施用量与产量之间的关系介于氮钾之间。早期缺磷，影响根系和幼苗生长，花期缺磷，叶片皱缩变小，结薯期缺磷，块茎易发生空心、锈斑、硬化，且不易煮熟，严重影响食用品质。缺乏微量元素也会影响产量和品质，如缺硼时，薯块变小，易发生龟裂。在氮磷钾三要素配合施用的同时，还要注意硼、锌、铜、铁等微量元素的施用。

7. 我国马铃薯栽培区划如何？

我国幅员辽阔，地形地貌和农业气候复杂。马铃薯栽培遍及全国，在千差万别的自然条件下，各地通过长期的生产实践，形成了与当地生产条件相适应的栽培类型、品种等，从而构成了不同的栽培区域。

影响马铃薯栽培类型的主要外界条件是光照和温度，而影响光照和温度的地理因素主要是纬度和海拔高度。据此，我国马铃薯栽培区域应划分为 4 个大区，即北方一作区、中原二作区、南方二作区和西南单、双混作区。

（1）**北方一作区**：从昆仑山脉由西向东，经唐古拉山、巴颜喀拉山脉、沿黄土高原海拔700～800 米一线到古长城，为本区南界。本区包括东北地区除辽东半岛以外的大部地区，华北地区的河北北部、山西北部、内蒙古全部，及西北地区陕西北部、宁夏全部、甘肃全部、青海东部和新疆的天山以北的地方。

该地区的气候特点是：无霜期短，只有110～170 天。年均温度在 $-4～10℃$ 之间，大于5℃的积温在 2 000～3 500℃ 之间。年降雨量在50～1 000 毫米之间，分布不均匀。本地区气候凉爽，日照充足，昼夜温差大，很适于马铃薯的生长发育，栽培面积占全国总面积的 50% 以上。本区马铃薯栽培基本上一年一作，为春种秋收的夏作类型，多为中熟或晚熟品种。由于贮藏期长达半年以上，故要求休眠期长、耐贮性好、抗逆性强的品种。

（2）**中原二作区**：本区位于北方一作区南界以南，大巴山、苗岭以东、南岭、武夷山以北各省。包括辽宁、河北、山西、陕西四省的南部，湖北、湖南二省的东部，河南、山东、江苏、安徽、浙江、江西诸省。这一地区栽培面积中等，且多是一年两作，春天一茬，秋天一茬，可采用粮棉间套的方式。

本区无霜期较长，一般在180～300天之间，年均温在10～18℃之间，大于5℃的积温在3 500～6 500℃之间，年降雨量在500～1 750毫米之间。因夏季长，气温高，不利于马铃薯生长，故采用春秋两季栽培。春季2月下旬至3月上旬播种，5月下旬到6月中上旬收获，以生产商品薯为主。秋季在8月播种，11月收获，以生产明年春季的种薯为主。本区栽培面积不大，约占全国马铃薯栽培面积的5%。近年来，由于采用与粮棉间套的方式，栽培面积有扩大的趋势。

（3）**南方二作区**：南岭、武夷山以南的各省区，主要包括福建、广东、广西、海南和台湾等省（自治区）。本区无霜期均在300天以上，年均温在18～24℃之间，大于5℃的年积温在6 500～9 500℃之间，年降雨量在1 000～3 000毫米之间。本区属海洋性气候，夏长冬暖，四季不分明，一般利用冬闲地栽培马铃薯，可按时间分为秋冬和冬春二季，与中原二作区的春、秋二季不同。本区马铃薯栽培面积很小，不足全国的1%，但是其产量高，品质好，在出口外销市场上占有重要地位。

(4) **西南单、双季混作区**：西南河谷盆地，主要包括贵州、四川、云南、西藏等省（自治区）及湖南、湖北二省的西部山区。本区多为山地和高原，区域广阔，地势复杂，海拔高度和气候垂直变化均很显著。因此，马铃薯生产在本区内一年一作与一年二作交错分布。在高寒山区，因气温高，无霜期短，四季分明，夏季凉爽，云雾较多，雨量充沛，湿度大，多为春种秋收一年一作。

在低山河谷或盆地，气温高，无霜期长，春早、夏长、冬暖、雨量多、湿度大，故适于马铃薯二季栽培。

本区地域辽阔，马铃薯栽培面积可占到全国总面积的40%以上。

8. 马铃薯有哪些类型与品种？

马铃薯共有8个栽培种，其中有1个普通栽培种和7个原始栽培种。目前世界各地广泛栽培的均是普通栽培种，7个原始栽培种至今只在南美的安第斯山区域有少量种植。由于马铃薯遗传基础狭窄，亲本材料没有突破普通马铃薯的范围，所以目前培育的新品种较少，有些老品种在很长时间都是主栽品种。

我国的主栽品种育成时间很多也只有30～40年的历史，因此，马铃薯品种的更新换代速度大大低于其他蔬菜品种。目前我国的马铃薯主栽品种大约有十几个。

（1）**类型：** 马铃薯的类型可以根据从出苗到植株成熟期的天数多少及不同的用途进行分类。

按从出苗到成熟的天数多少分类： 马铃薯的品种根据植株成熟的天数，可分为极早熟品种（60天以内）、早熟品种（61～75天）、中早熟品种（76～85天）、中熟品种（86～105天）、中晚熟品种（106～120天）、晚熟品种（120天以上）。棚室栽培马铃薯多选择极早熟品种、早熟品种、中早熟品种和中熟品种。

按薯块不同用途分类： 按薯块不同用途可以分为鲜薯食用和鲜薯出口用、高淀粉品种和油炸食品加工及鲜食兼用型三类。

鲜薯食用和鲜薯出口用品种： 这类品种要求

植株抗主要病毒病、青枯病或晚疫病；薯形和块茎大小整齐，外观好看，芽眼浅，食味佳，炒、煮、蒸口感风味好，蛋白质、维生素C等营养物质丰富，干物质含量符合多种食用指标的需求，商品薯率和商品质量高；块茎耐贮藏，耐长途运输。如普栽品种中薯2号、中薯3号、中薯4号、中薯5号、中薯6号、东农303、豫马铃薯1号、鄂马铃薯1号、春薯4号、川芋早、费乌瑞它等。

高淀粉品种：高淀粉品种要求植株和块茎抗病毒病、晚疫病，耐旱耐盐碱；结薯集中，产量不低于一般品种，薯块大小中等，不空心，芽眼浅，白皮白肉，休眠期长，耐贮运，淀粉含量高于18%，而还原糖含量较低。如晋薯2号和8号、高原4号和7号、榆薯1号、春薯3号、陇薯3号、克新12、合作88等。

油炸食品加工及鲜食兼用品种：马铃薯油炸食品品种主要是指炸薯片、炸薯条用的品种。由于我国尚未育成真正的油炸专用品种，因此，只能用鲜食品种作为油炸食品加工的代用品种。炸薯片的专用品种要求结薯集中，薯块圆球形、大小中等且均匀，不空心，相对密度大于 1.085，淀粉分布均匀，较耐低温贮藏，炸片颜色浅，食味佳。炸薯条专用品种要求适应性广，薯形长圆形，相对密度大于 1.090，淀粉粒结晶状，分布均匀，薯块较耐低温贮藏，炸薯条色泽浅，食味好。如克新 1 号、鄂马铃薯 3 号、冀张薯 4 号、春薯 5 号、大西洋、尤金、斯诺登、赤褐布尔斑克等。

（2）**品种**：马铃薯的品种极多。现选择传统的普栽优良品种、近几年育成的新品种、适合于不同用途的品种及适合于一作区或二季作区栽培的品种简述如下：

适于一作区栽培的马铃薯主栽品种有：

克新 1 号：由黑龙江省农业科学院克山马铃薯研究所育成。该品种适应性广，是目前栽培面积较大的品种之一，也是东北和内蒙古的主栽品种，山西、河北一带也有栽培。中熟品种，生育日数 95 天。株高 70 厘米左右，株型开展。复叶肥大，侧小叶 4 对，叶片绿色。花淡紫色，无天然结实。结薯早而集中，块茎椭圆形，大而整齐，芽眼深浅中等，表皮光滑，白皮白肉，耐储性好，食用品质中等，近年在国内作为炸薯条的代用品种。休眠期长，高抗环腐病，抗细菌病，较抗晚疫病和皱缩花叶病毒病，耐束顶病，较耐涝，丰产性好，一般每亩产量 1 500 千克，高者 3 000 千克。

高原 4 号：由青海省农业科学院育成，属晚熟品种，生育日数在 120 天以上。中抗晚疫病，轻抗环腐病，轻抗冰雹，丰产性好，每亩产量 2 000～2 500 千克，高产田可达 3 000 千克以上，适于我国西北地区栽培。株高 83 厘米左右，株型直立。茎生长势强，分枝数中等。叶片茸毛多，复叶大，侧小叶 4～5 对，叶缘平展，叶片绿色。花序总梗浅绿色，花冠白色，能天然结实。块茎圆形，大而整齐，表皮粗糙，芽眼较浅，数量中等，结薯集中。块茎耐储藏，休眠期短。薯块黄皮黄肉，蒸食品质优。

东农 303：原系谱号为东农 69-10773，由东北农业大学育成。近年又有脱毒的东农 303 种薯供应，其质量又有所提高。系极早熟品种，生育日数 60 天左右。株高 45 厘米，茎直立，绿色。叶片较大，生长势较强。花冠白色，花药黄绿色，雄性不育。结薯集中，块茎长圆形，中等大小，较整齐一致，表皮光滑，芽眼浅。块茎组织致密，黄皮黄肉，品质较好，淀粉含量13％左右，粗蛋白质含量2.52％，每100克鲜薯维生素C含量14.2毫克，还原糖0.03％，适合食品加工和出口。春作一般每亩产量1 500～2 000千克，秋作800～1 000千克，高产者可达3 500千克。植株抗花叶病毒病，易感晚疫病和卷叶病。株型较小，宜密植，每亩以4 000～4 500株为宜。要求土壤中上等肥力，生长期应有充足的肥水供应，耐湿性较好，不适于干旱地区栽培。

晋薯2号：由山西省农业科学院高寒区作物研究所育成，原名同薯8号。该品种为中熟种，从出苗到成熟约95天左右。抗环腐病，较抗黑胫病和晚疫病，轻感卷叶病毒病和束顶病，对皱缩花叶病毒病过敏，抗寒性较强。一般每亩产量1 500千克，高产可达2 500千克。该品种适于一季作地区的山、川、丘陵有灌溉条件的地方，如山西、内蒙古、河北北部等地栽培。株型直立，分枝数多，株高80厘米，茎粗壮，绿色。叶片肥大，叶面粗糙，绿色或淡绿色。花冠白色，天然结实多。结薯集中，薯块整齐且大小中等。块茎扁圆形，顶端平，腰部凹，芽眼浅而少，在近脐部一芽眼的两侧各有一下陷的根眼，各长有一条细根，芽眉弧形，且较明显，休眠期中等，耐储藏。薯皮粗糙，浅黄色，薯肉白色，食用品质中等，但结薯层较浅，块茎对光反应敏感，见光易变绿，影响食味。淀粉含量19%，干物质含量25.2%，粗蛋白质1.47%，每100克鲜薯维生素C含量19.03毫克，适于淀粉加工。

适于二作区栽培的马铃薯主栽品种：

费乌瑞它：1980年从荷兰引入品种，又叫发阿利塔、荷兰7号、鲁引1号等。系早熟品种，生育日数65天。春作每亩产量2 000千克，高产者3 000千克；秋作每亩产量1 200千克左右。较抗病毒病，易染晚疫病。株型紧凑，每亩4 000～5 000株，适于两季栽培和间套作。株高50～60厘米，株型直立，分枝少，生长势强。茎紫褐色，大型叶片，叶绿色，侧小叶4～5对，叶缘呈轻微波状。花蓝紫色，开花多，天然结实性强。结薯集中，块茎长椭圆形，大而整齐，皮色淡黄，肉色深黄，芽眼浅而少，表皮光滑，商品率特高，食用品质好，干物质含量 17.7%，淀粉含量 12.4%，还原糖 0.03%，粗蛋白1.55%，每 100 克鲜薯维生素 C 含量 13.6 毫克。休眠期短，50 天左右。

郑薯 6 号：河南省郑州市蔬菜研究所以高原7 号为母本，郑 762-93 为父本杂交而成。系早熟品种，生育日数 65 天左右，春季一般每亩产量 1 500 千克，高产者 2 500 千克，为河南省主栽品种，在山东、河北、安徽、甘肃、四川、广西、湖北等省（自治区）均有栽培，并表现早熟高产。该品种株型直立，株高 60 厘米，一般每亩栽植 4 500 株左右。茎粗壮，分枝少，生长势强。叶片大，绿色，侧小叶 4 对。花白色，能天然结实。结薯集中，单株结薯 4 块左右，块茎椭圆形，脐部稍小，芽眼浅而少，薯块大而整齐，薯皮光滑，黄皮黄肉，商品率极高，很适合鲜薯加工和出口鲜销。休眠期 45 天左右，耐储性好。

鲁马铃薯 1 号：由山东农业科学院蔬菜研究所育成，特早熟品种，生育日数 60 天。株型半开展，株高 60 厘米。分枝数中等，茎秆粗壮，叶绿色，生长势强。花冠白色，花药黄绿色，花粉少，花极小，无天然结果。结薯早且集中，块茎椭圆形，大小中等且整齐，表皮光滑，黄皮黄肉，芽眼较浅。休眠期短，耐贮藏，食用品质中等。淀粉含量13%左右，粗蛋白质2.1%，还原糖0.1%，每100克鲜薯维生素C含量19.2毫克，可用于食品加工和炸薯条。高抗皱缩花叶病毒病，耐卷叶病毒病，较抗疮痂病。一般春季每亩1 500千克，高产者可达3 000千克。秋季每亩产1 250千克左右，栽植密度4 000～5 000株。适于山东和二作区栽培。

中薯7号：由中国农业科学院花卉蔬菜研究所育成，审定编号为国审薯2006001，早熟品种，出苗后生育期64天。株型半直立，株高50厘米，茎紫色，匍匐茎短，叶深绿色，生长势强。花冠紫红色。结薯集中，块茎圆形，芽眼浅，薯皮光滑，淡黄色，薯肉白色，商品薯率61.7%。块茎品质：干物质含量18.8%，淀粉含量13.2%，粗蛋白2.02%，还原糖0.20%，每100克鲜薯维生素C含量32.8毫克。接种鉴定：中抗轻花叶病毒病，高抗重花叶病毒病，轻度至中度感晚疫病。2004—2005 年参加国家马铃薯品种区域试验，早熟中原二作组块茎亩产分别为 1 653 千克和 1 528 千克，分别比对照东农 303 减产 8.2%和增产 26.1%，两年平均亩产 1 591 千克，比对照东农 303 增产 5.5%。中原二作区春季地膜覆盖可适当早播，一般 1 月初至 3 月中下旬播种，3～6 月下旬收获；秋季 8 月上中旬至 9 月上旬播种，10 月下旬至 12 月初收获。选择土质疏松，排灌便捷的地块播种。忌连作，禁止与其他茄科作物轮作。适合与棉花、玉米等作物间、套作。二作区留种时，春季适当早收，秋季适当晚收，并注意拔除病株，及时喷药防蚜，更要注意留种田应与商品薯生产田及其他病源作物隔离。施足基肥，出苗后至结薯期和块茎膨大期，要加强肥水管理，及时培土中耕，促使早发棵早结薯。

泰山 1 号：由山东农业大学育成，早熟品种，株型直立，株高 60 厘米，分枝少，茎绿色，基部有紫褐色斑纹。叶片中等大小，深绿色，生长势中等。花冠白色，花药黄色，花粉量少，一般无浆果。结薯集中，块茎椭圆形，薯块大而整齐，芽眼较浅，薯皮薯肉均为淡黄色。块茎休眠期短，较耐贮藏，食用品质较好。淀粉含量13%～17%，粗蛋白质1.96%，还原糖0.4%，每100克鲜薯维生素C含量14.7毫克。植株较抗晚疫病，抗疮痂病，对Y病毒过敏，耐花叶病毒病，感卷叶病毒病。一般亩产1500千克，高产者可达3500千克。可适当密植4500～5000株/亩，适于两季作和间套作。春季栽培茬口要注意保证肥水供应，秋季播种时要事先催芽，并注意排水。

此外，还有中国农业科学院花卉蔬菜研究所育成的中薯2号、中薯3号、中薯4号、中薯6号等，二作区可根据当地实际情况选择适种马铃薯品种。

（二）马铃薯高产栽培关键技术

9. 春播马铃薯如何整地施基肥？

选地：马铃薯为块茎作物，由于根系吸收能力较弱，因此种植马铃薯应尽量选择地势平坦、旱能浇、涝能排的地块，土壤肥沃、土质疏松、土层深厚、微酸性的沙壤土。质地疏松的土壤氧气充足，有利于匍匐茎和块茎的生长。试验表明，在沙土地上种植马铃薯，出苗率高，发病率低，产量高，质量好；而在黏土地上则需要多施用有机肥料，提高黏土的透气性，才有好收成。

马铃薯不能与茄子、番茄、辣椒、烟草等茄科作物连作，最好与禾谷类作物轮作，块茎的产量高，品质好。具体来说，春马铃薯的前茬作物应选谷子、棉花、大豆，菜地马铃薯的前茬应选大葱、白菜、萝卜、甘蓝、黄瓜、菜豆等。秋马铃薯的前茬应选麦田，或是瓜类、豆类等。南方地区则多选水稻。水田栽培应水旱轮作。

整地：将种植马铃薯的田块整好非常重要。不论选择沙土或黏土，都要深耕、晒垡和冻垡。在春作区，一般冬季深耕23～24厘米为宜，有条件的地区，可深耕33厘米。南方马铃薯冬作区，前茬多是水稻。晚稻收获后，要立即排干积水，犁耕灭茬，翻土晒垡。其他栽培春薯的田地，应在秋作物收获后，结合施基肥立即进行深耕，使其冻垡，冻死土壤中越冬的害虫，风化土壤。冬季雨雪稀少的地区，应在深耕后立即耙地，以利保墒。

春耕应在冬耕的基础上进行，深度不能超过

冬耕，以免使冬耕已翻入土壤下层的杂草种子和虫卵再翻上来，一般只要求浅耕 12～15 厘米。

整地时期因前作不同略有早迟，但应争取早耕，播种前 6～7 天再细耙。在排水良好的地区栽培马铃薯，一般不必作畦起垄，而排水差的地区，则要窄畦高垄。试验表明，采用双行高垄栽培，垄宽 50～80 厘米，增产效果显著。在南方多雨地区种植马铃薯均采用高畦，畦宽 85 厘米，沟宽 30 厘米，畦上种植两行，行距 25～30 厘米，株距 25 厘米左右。北方以及干旱的季节和地区，多是平地开沟播种。

施基肥：马铃薯属高产喜肥作物，其生长期短，吸收的养分主要来自基肥。基肥可在冬耕前或春季土壤解冻后播种前结合浅耕施用，也可在播种时施用。在施肥技术上，要掌握以充分腐熟的有机肥料为主，化学肥料为辅，以基肥为主，以追肥为辅的原则，即施足基肥，早施追肥，多施钾肥。

在生产有机食品时，地下块茎禁止直接接触新鲜的生粪尿类肥料，同时也禁止施用人工合成的化肥，但是允许施用充分腐熟的沼气渣做基肥，沼气液作追肥。生产绿色食品，可以适量施用化肥。

结合深耕施足基肥，一般要求每亩施用充分腐熟的有机肥料 2 000～3 000 千克（多的为 4 000～5 000千克）、过磷酸钙 20～25 千克、尿素 4～7 千克、硫酸钾 15～20 千克。

基肥充足时，将 1/2 或 1/3 的有机肥结合秋耕施入耕作层，其余部分播种时沟施。若基肥不足或耕地前来不及施肥时，最好结合播种每亩施入优质堆厩肥 500～700 千克，再配施过磷酸钙 10 千克、尿素 3.5 千克、草木灰 30～50 千克，也可配施饼肥和复合肥 15～20 千克，沟施或穴施均可。但在施入肥料后最好深锄一次，土肥混合，有利播种。

10. 怎样精选种薯?

马铃薯块茎形成过程中，由于植株生理状况和外界环境的影响，薯块质量存在差异。种薯传带病毒、病菌是造成田间发病的主要原因之一。为了切断病源，预防病害，达到苗全苗旺，为高产优质奠定良好的基础，马铃薯的栽培，除了确定好适宜播种期外，无论从外地调进的或自留的种薯，使用前都必须经过精选种薯。

种薯选择的标准：选择无病虫、无冻害，表皮光滑、皮色新鲜，大小适中、符合本品种特性的薯块做种薯。烂薯、病薯、畸形薯以及芽眼突起，表皮粗糙、龟裂等薯块，均不宜做种薯。一般情况下，种薯大小与产量成正比。通常应以50～100克大小的薯块做种薯为好。如种薯不足，也不应低于15克，即每亩需种薯125～150千克，丰产地或种子田用种薯量更多，最好是小整薯，可增至250～300千克。

种薯处理技术：马铃薯种薯处理的好坏直接影响播种质量、出苗、产量和品质。种薯处理得好，植株生长健壮，块茎可以增产1倍或2倍，至少也能增产30%以上，而且可以提高品质。

种薯切块处理技术：切块播种的主要目的是为了节约种薯，打破休眠。切块和削脐破皮，可以加速内部新陈代谢，促使早日发芽，早出苗。尤其是在春播时温度较低，播种后也不会烂种，但切块应大小均匀一致，1千克种薯可以切成45～50块，切块过小，产量不高。

切块时切刀必须进行严格消毒。据试验，切

刀带菌,扩大侵染非常惊人。若菌量充足,条件适合,切一刀病薯,再切 30 刀健康种薯,几乎可以刀刀染病。切刀消毒的方法很多,最简单的方法是用火焰烤刀灭菌或从煮沸的食盐水中换刀具,所用刀板也应同样进行热力消毒。用于种薯切块刀具的消毒,无论是生产有机食品或绿色食品,都可以使用 75% 的酒精或 0.1% 的高锰酸钾消毒。在切块消毒和淘汰病薯方面可借鉴八字口诀:"一看、二削、三切、四消"。一看:即经晒种,轻微病薯发展为可见病薯后淘汰。二削:即由技术人员或有经验者削脐查病,剔除病薯。三切:即经过检查的健薯进行切块。四消:即在切块中发现病薯再用药水消毒。也有简化手续,即不是先削后切,而是每切一次,消毒一次。经过认真消毒,将发病率降低至 0.1%。

切块方法:马铃薯芽眼的萌发具有明显的顶端优势,即密集在顶端的芽眼萌动快,发芽早,而脐部的芽眼则萌动慢,发芽迟。根据这一特点,生产上提倡薯块纵切,平分顶芽。25 克以下的薯块,只将脐部切去即可;50 克以下薯块可纵切两块;80 克的薯块可上下十字切成四块;

再较大的薯块可先切脐部，切到中上部再十字上下纵切；大薯块也可以先上下纵切，然后再分切。切口应尽量靠近顶端的芽眼，可促进早发。每个切块最少应有一个芽眼，但切块较大时，也可对准主芽一分为二，主芽随被破坏，两旁的潜伏芽，即副芽同样可以萌发生长。切块最好切成立体三角形，有皮有肉，均衡营养，长势一致。

由于切块播种易染病和缺苗，有时采用整薯播种，保证苗全苗旺。整薯越大产量越高，但投入成本也相应提高，一般以50～60克的小整薯为宜。

种薯催芽技术：催芽不仅可以早熟，剔除病薯，而且还可以躲过晚疫病发病期和一些旱、涝、霜冻等自然灾害。种薯催芽的方法很多，常因栽培区域和栽培季节不同而异。可以因地制宜的选用药剂催芽、温床催芽、冷床催芽、露地催芽及棚室内催芽等。早春栽培的种薯正值冬季严寒时期，为提高土温，可在室内或塑料棚内进行催芽。秋播马铃薯常用整薯，春播常用切块。

马铃薯晒种催芽法：种薯从窖中取出并经严格挑选后，放在温暖室内，用席帘、麻袋、浅的筐等装起或围起来，或直接堆放在空房子、日光温室、仓库等处，在黑暗条件下催芽，使温度保持在10～15℃，有散射光线即可。催芽期间经常上下翻动，使幼芽均匀一致。芽长0.5～1.0厘米时移至室外或摆放在光线充足的房间或日光温室内，使温度保持在5～15℃，晒种7～10天，并经常翻动，晒至薯皮变绿、幼芽变为绿色壮芽为宜，即可切芽播种。

马铃薯室内催芽法：即将种薯切块后，混以湿润的土壤（1∶1），摊开宽1米、厚30厘米左右，上面和四周均盖好7～8厘米的湿润土壤，保持15～18℃，芽长到5厘米时将块茎扒出播种。也可采用催大芽的方法：先将湿土摊平，厚约7厘米，上放切块，盖上5厘米土，再放一些切块，再盖土5厘米厚，如此可放3～4层，最后再盖土一层。近几年，为使马铃薯提早上市，实行早熟栽培，多采用早熟品种催大芽，播种后覆盖地膜，可提早20余天供应市场。但早熟品种、极早熟品种进行早熟栽培，应以暖种和催小芽为宜。因催大芽很容易引起早衰，以至于影响产量。

中熟品种在二作区栽培，必须催大芽，催芽后结合芽绿化，还需在播后覆盖地膜，才能早播早出苗，满足中熟品种较长的生长日数，大幅度提高产量。

种薯可以和湿沙或湿锯屑互相层积于温床、温炕或木箱内，保持 10～14℃，厚度 50 厘米；也可先切块后层积催芽，到芽长 1～3 厘米时，取出播种，或者将种薯置于明亮的室内，大约 40 天左右，芽长到 1～1.5 厘米，且种皮变绿，幼芽紫绿时切块播种，处理中要经常翻动，使其见光均匀。

阳畦催芽法：一般在背风向阳处，东西向建苗床。床深 0.4～0.5 米，宽 1.3 米，北面建一高 0.5 米的挡风土墙，东西两边各建一斜墙，床底中间龟背行，背高于底面 0.1 米。苗床的长度依催芽薯块的多少而定。一般每亩大田需苗床长 6～8 米，堆薯块 4 层左右，每平方米可堆积 600～800 个薯块。床底铺一层酿热物，以马粪、牛粪、麦秸、稻草等为主，加适量水，以含水量 80％为宜，厚度为 0.2 米左右。种块摆放时切面朝下、块与块之间留有空隙。摆满一层薯块后覆盖一层 0.2 厘米的湿润细土或细沙，然后依此法在其上再摆放薯块，共摆放 4 层左右，再在上面覆盖一层 10 厘米厚的湿润细土。薯块摆好后，在细土上面覆膜，四周压紧。最后在苗床上架设多个斜梁，梁上覆盖农膜，拉紧后周边压实，以利保温，温度控制在 12～14℃。若阳畦内温度高，及时揭膜通风降温。当芽长至 1～2 厘米时，可移栽播种。催芽开始的温度可以高至 25℃ 左右，以后应控制在 15～18℃，温度太高，催出的芽细而弱，如再遇高湿，还会引起烂薯、烂芽。

催芽时间的长短，因品种、温度以及是否使用物理或化学方法打破休眠均有关系。一般仅为 20～25 天，幼芽绿化需 7 天左右，整薯播种需提前 7 天进行催芽。

种薯催芽标准：应使每个切块带有 1～2 厘米、短而粗壮的芽 1～3 个；小整薯需带短壮芽 2～3 个。为避免播种时伤芽，应将出芽的块茎或小整薯放在低温（10℃ 左右）、散射光下炼芽，使芽变绿后再播种。

处于壮龄期（多芽期）的种薯或休眠期短的

品种，应及时出窖，不需要种薯处理。可直接摊晾在散射光下，保持 15～20℃，催出短壮芽后进行播种。

11. 马铃薯适时播种的重要性有哪些？

就全国而论，一年四季都有播种马铃薯的。具体到每一个地方，则必须根据当地的气候条件严格掌握播种期。但最好要设法将块茎形成期安排在适于植株快速生长、块茎膨大的季节，即平均气温不超过 23℃，日照时间不超过 14 小时，并有适量雨水。

经多年试验证明，长江中下游地区，2 月平均气温已达 5℃ 左右，春播马铃薯，应提早在 2 月中下旬即可直播，以不致冻坏。虽说适时早播气温偏低，不能很快出苗，但在低温条件下有利于根系的发育，少数能早发芽的薯芽，耐低温的能力也较强。即使出土薯芽受到晚霜伤害，但因种薯及根系未受冻害，还可萌发副芽，出苗仍然较早，并可早结薯，提前收获，避开各地的后期高温。而且田间烂薯少，退化现象也较轻，种性好，后代播种后产量也高。所以，提前播种是春马铃薯丰产的关键措施之一。

一般而论，在当地晚霜期前 20～30 天，气温稳定在 5℃以上时即可播种。山东、河南等二季作区的春播适期在 2 月下旬至 3 月上旬；山区高寒地带一季作区的适宜播期应从 4 月上旬开始到 5 月上旬。城市郊区的早熟栽培，由于采取早熟品种催大芽，且在播后覆盖地膜等，播期可以提早 10～15 天，但在出苗后要防止霜冻。

适期早播，实际上应以当地终霜日期为界，并向前推 30～40 天为正确播种期。因为春播日期关系到收获期的早晚和产量的高低。从中原二季作区的情况来看，5～6 月的气温达到或超过马铃薯生长适温的高限，且很快又到雨季。若在 3 月播种，4 月齐苗，实际见光生长日数也不超过 70 天左右。因此，春季栽培的各项技术措施应抓住一个"早"字，一定要赶在当地断霜时齐苗，炎热雨季到来之时确保块茎的产量和质量。生产实践证明，离春播适期每推迟 5 天，减产10%～20%。

12. 马铃薯播种方法有几种？

垄作沟点种法：就是开沟种植，后培土成垄，盖土厚度约 10 厘米左右。在已春耕耙耱平整好的地块上，先用犁开沟，沟深 10～15 厘米，随后按株距要求将准备好的种薯点入沟中，种薯上面再施种肥（腐熟的有机肥料），然后开犁覆土，有利保墒。种完一行后，空一犁再点种，即所谓"隔犁播种"，行距 50 厘米左右，以此类推，最后再把犁墒覆盖，或按行距要求用犁开沟点种均可。垄作适于马铃薯生育期雨水较多的地区，如河南等地的马铃薯早熟栽培多利用开沟点播起垄，便于地膜覆盖，每垄双行可充分利用地膜，也便于间作套种，一般是垄距 80～100 厘米，沟深 8～10 厘米。优点是省工省力，简便易行，速度快，质量好，播种深度一致，适于大面积推广应用。

平作穴点种法：在已耕翻平整的地块上，按株行距要求先划行或打线，然后用铁锹或锄头按播种深度进行挖穴（穴深 8～10 厘米）点种，再施种肥、覆土。优点是株行距规格齐整，质量较好，不会倒乱上下土层。在干旱地区墒情不佳的情况下，采用挖穴点种有利于保墒出全苗。但人工作业较费工费力，只适合小面积播种。

机械播种法：此法适合经济发达的国家或地区，使用专业的马铃薯播种机。播种前先按要求将播种机调节好株行距，一律采用整薯作为种薯进行播种。优点是开沟、点种、覆土一次作业即可完成，速度快，省工省力。株行距规格一致，深度均匀，出苗整齐，抗旱保墒好。马铃薯的栽植密度与块茎产量密切相关。确定栽植密度要因时制宜，因地制宜，因人制宜，也受播种方法和品种的影响。春薯比夏秋薯稀，中晚熟大秧品种比小秧品种稀。土壤肥力高时要稀，土壤瘠薄时要密。整薯播种要稀，大薯播种要比切块稀植。田间管理技术水平高者栽培密度宜稀。马铃薯种植密度要根据单位面积所允许的最适叶面积系数来决定。叶面积系数是总叶面积与所占土地面积之比，合理密度以叶面积系数达到 3.4～4.0 为宜。如果测定单株叶面积为 0.8 平方米时（晚熟大秧品种），每亩栽植系数应该是：

$$每亩株数 = \frac{叶面积系数 \times 667 \ 米^2}{单株叶面积（米^2/株）}$$

$$= 4 \times 667/0.8 = 3334 \ 株$$

在实际生产中，为了使叶片生长空间合理，

有效提高叶面积系数，增强光能和地力的利用率，也便于培土和通风透光，行距应该更宽一些，在保证密度的前提下缩小株距，垄作行距应在 60～80 厘米，株距 20～25 厘米。稀植者每亩为 3 500～4 000 株，密植者每亩为 5 000～6 000 株，甚至 7 000 株也是允许的。

13. 春马铃薯田间管理的技术要点是什么？

掌握春马铃薯的田间管理技术，应从"早"字入手，来调整和缩小外界气候和块茎生长发育的矛盾，促进稳产高产。总的要求是前期早动手，早管早发，中期稳长，后期晚衰。也就是说，开花前，早追肥，早培土，猛促茎叶生长。开花后要适当控制肥水，应看天、看地、看苗浇水施肥，以利促棵攻薯、以薯控棵，确保薯棵平衡生长，防止徒长和早衰。

14. 如何做好春马铃薯出苗前后的田间管理？

出苗以前的田间管理重点是保持土壤疏松透气和灭草，为种薯出苗创造条件。在北方一作区或二作区，春马铃薯播种后到出苗前，田间往往杂草丛生，影响薯苗生长，所以，灭草是田间管理的重点。一是在马铃薯出苗前 3～5 天进行一次中耕除草，如用铁耙中耕一遍，灭草效果很好。二是使用除草剂。因为马铃薯对许多除草剂都很敏感，在薯苗出土前是使用除草剂的最理想时间，所以除少数除草剂可在出苗后使用外，一般都应在出苗前使用。发芽期一般不浇水，如干旱，可浇小水，浇后立即松土防止土壤板结压苗。出苗后要早追肥、早浇水、早中耕。苗期中耕要在行间深锄，要灭净杂草，并结合中耕浅培土。

15. 春马铃薯如何进行追肥？

由于马铃薯田间管理上实行前促后控的原则，追肥也必须及早进行，一般在基肥充足的基础上应追肥两次。

第一次追肥应在齐苗后，结合查苗和补苗早追肥，以速效氮肥为主，每亩可施入尿素 6～10 千克或氮磷钾复合肥 10 千克或充分腐熟的人粪尿 500～700 千克。可撒施于行间，追肥结合中耕和浇水进行。

第二次追肥在马铃薯开花初期进行。每亩可施入氮磷钾复合肥 15～20 千克或尿素 5～10 千克、硫酸钾 5～10 千克。一般可结合中耕培土进行，并要根据植株长势而定。若基肥充足，发棵后期茎叶长势旺，可少追肥或不追肥，可在垄间深松土并浅培土以控制长势。氮肥过多，易引起茎叶徒长，影响块茎养分的积累。追肥后注意浇水以提高肥效。

16. 春马铃薯田间水分管理的要点是什么？

马铃薯是既不耐旱也不耐涝且需水量较多的作物，在其生长过程中必须有充足的水分才能获得较高的产量。春马铃薯栽培水分管理的要点是前促后控，灌溉次数宜少，水量宜大，应一次灌足为好。发芽期所需水分主要靠种薯自身中的水分来供应，所以需水量很少，一般不需要浇水。出苗后要早浇水，应结合追肥进行。发棵期浇水和中耕紧密结合，只要土壤不过于干旱就不浇水，只松土和浅培土。待株高 30 厘米时，浇大水并培大土。结薯期应保持土壤呈湿润状态，尤其是盛花期的头 3 水更为关键，因为这一时期是马铃薯需水量最大的时期，结薯初期缺水则对块茎生长不利，多数情况下 7～10 天浇 1 次水。浇水时防止大水漫灌，否则会引起薯块腐烂。收获前 5～7 天应停止浇水，促使薯皮老化以利收获。

17. 马铃薯生长期间为什么要中耕培土？

马铃薯中耕培土的时间、次数和方法，要根据各地的栽培制度、气候和土壤条件而定。马铃薯中耕和培土应结合进行，其目的是为马铃薯块茎的生长创造一个深厚疏松、保水通气的良好环境，有利于根系发育和植株早发。中耕培土，清理墒沟，排除田间积水，可防止块茎"露头青"，提高薯块质量，加厚根际土层，既可防止晚疫病的传播，又可使块茎在阴凉的土壤里发育。

中耕技术要点：

第一次中耕：春马铃薯播种后，出苗所需时间较长，容易形成地面板结和杂草丛生，故苗齐后应及时中耕除草。

第二次中耕：在苗高 10 厘米左右时进行浅锄，即可松土灭草，又不至于压苗伤根。在春季干旱多风的地区，土壤水分蒸发得快，浅锄可以起到防旱保墒的作用。

第三次中耕：在现蕾期进行第三次中耕浅培土，有利于匍匐茎的生长和块茎的形成。

第四次中耕：在植株封行前进行中耕兼高培土，有利于增加结薯层次，结薯多，块茎大，防止块茎露出地面晒绿，降低食用品质。

培土技术要点：培土要根据马铃薯品种的结薯习性合理掌控，一般培土结合中耕进行。有的品种结薯集中，培的土台要小些；有些品种结薯分散，培土的土台要加宽些，尽量把块茎埋在土壤中。培土主要是在出苗后到开花期之间进行2～3次，最后要形成15～20厘米的高垄。特别注意在植株封行前，一定要做好最后一次培土，封行后停止中耕培土。若行距大浇水次数增加，则中耕培土次数亦应酌情增加。

18. 春马铃薯需要整枝吗？

在两季作地区马铃薯均采用早熟、中熟品种，分枝能力弱，在一穴单株的情况下，适当增加分枝数量，扩大叶面积，还有一定的增产作用，所以一般不需要整枝打杈。此外，在马铃薯病毒严重时也不提倡整枝，因操作不当易通过人工接触传播病毒。但马铃薯开花结实需消耗大量养分，因此在开花前必须摘除花茎以集中养分供应薯块膨大。特别是对生长期较长的春马铃薯，若茎叶生长过旺，密度过大时，可通过合理整枝打杈，每株留 2～3 枝，确保具有良好的通风透光条件，同时摘除病叶、老叶，减少病源。

生产绿色食品允许限量使用激素。上海、江苏等地，在马铃薯收获前 20 天左右，在叶面喷施多效唑 50 毫升/千克，能增加叶绿素的含量，抑制茎叶徒长，减少养分消耗，促使块茎膨大，提高产量，效果较好。

19. 如何做好春马铃薯的采收与分级？

马铃薯的采收，是生产过程中田间管理的最后一个环节，采收的迟早与产量及品质密切相关。判断春马铃薯薯块是否成熟的标准：茎叶由绿变黄；拔茎摇动，薯块易脱落；用薯块擦薯块，表皮易脱落；用刀削薯块，伤口易干燥。适时收获：中原地区的早熟品种一般在 6 月下旬前收获，中晚熟品种在 7 月收获。种用薯要提前收获，以免后期的高温和蚜虫带来病害和降低种性。江淮流域春薯留种应在 6 月 10 日左右采收完毕。商品薯除满足市场需求，提前或延迟供应外，大部分应适当晚收，以争取有较高产量。但在低洼处，应在梅雨季节前及 6 月 20 日左右收完。收获时间，晴天的上午 4～10 时或下午 3 时以后进行为宜，阴天可全天进行。收下的薯块应随收随运，若来不及运输者，可在树荫下或用马铃薯茎叶覆盖遮阴，避免曝晒。经过曝晒的薯块容易腐烂，不耐贮藏。

采收方法：收获前先割掉地上茎叶，清除田间残留子叶。可用畜力木犁翻、人力挖掘、机械收获等。用机械收获和畜力木犁采收后应再复查或耙地捡净。收获前经过片选、株选，收获时再在优良单株上进行块选，并先收种薯后收商品薯。如品种不同，也应注意分别收获，并根据留种、出口、上市等不同的标准分别装筐，以减少翻拣手续，力求少受损伤。大规模生产用机械收获，收下的薯块在工厂内经机械清选、过筛、分级、包装后上市或入库贮存。

20. 秋马铃薯栽培应注意哪些问题?

秋薯栽培是利用春薯作种，从 8 月开始播种，到 11 月收获。气候变化的规律与春薯完全相反，前期温度高，日照长，适于地上部茎叶的生长；后期温度低，日照短，适于地下块茎的膨大。秋季的气候更适于马铃薯的生长发育。只要准确把握种薯的处理和播种技术，加强田间管理，保证苗齐苗壮，就会有好的收成。

秋薯生产不仅是为了获得秋季鲜薯供应市场，而且主要是为了供春季生产用的优良种薯。只要能抓住秋薯生产的技术要点，在单位时间内的生产效率还高于春薯。

秋薯用春薯做种要注意下列问题：一是春薯病毒含量高，退化严重；二是秋播时，种薯还处在休眠状态，必须进行催芽才能如期出芽；三是秋播时温度高，烂种死苗严重；四是若播种晚，则生育期不足，早霜来临，严重影响块茎产量和质量。

21. 种薯选择时应注意哪些问题？

第一应选特早熟或早熟品种。

第二严格选用健薯，剔除病薯、烂薯等。春薯在夏季贮存期间，若通风不良，窖内缺氧，薯块受渍或温度过高，会造成芽眼受伤，薯肉变质、腐烂等，都应剔除，否则，在直播或催芽时就会腐烂。

第三选用整薯播种。整薯播种可以防止夏季因切块传染病害或引起腐烂。但大整薯耗种太多，成本太高，可以在春薯留种地里，用从优良单株上收下的 2.0～2.5 克的小薯播种。也可专门为了实现整薯秋播，在春季建立留种地，其密度每亩加大到 10 000～12 000 株。生长期间和收获时采取去杂、去劣、去病等管理措施，并提前在 6 月上旬收获。通过密植栽培产量高，薯块多，种性好，适合作为秋季整薯播种的种薯。

第四选用冬播春收的薯块作秋季的种薯。春薯秋播，贮藏期较短，许多品种均未通过休眠期，需要推迟播种或催芽。如能在 10～11 月在棚室内冬播，翌年 4 月底及早收获，这些薯块专作秋季种薯，在早秋未经催芽就能自动萌芽，既可免去催芽的麻烦，又能早播，延长秋马铃薯的生长时期，为秋薯早熟丰产创造条件。

22. 阳畦种薯培育技术的优点是什么？

阳畦种薯的培育技术，就是利用风障阳畦作为保温设施，在冬季播种马铃薯，早春收获，秋季再种的方法，也可以利用塑料大棚和塑料小拱棚。一般均需在冬前建好，并施足腐熟的有机肥作基肥，整好地待播。这种阳畦种薯比起大田春薯作种秋播的出苗早而齐，植株长势强，结薯早而成薯快，基本无死苗。阳畦对传播病毒的蚜虫有季节性隔离作用，夜温在14℃以下，从而使种薯含病毒量少而退化轻、抗逆性增强。种薯收获期大大提早，使种薯在秋播时基本达到或接近生理适龄，播种后早出苗，早结薯，稳产高产。

23. 阳畦种薯培育技术要点有哪些?

(1) **选种薯:** 种薯宜用秋季纱网畦中培养的脱毒小薯，也可用阳畦中选留的小薯作种，秋季放在通风处散光下架藏，控制顶芽徒长，也可用秋薯作种。播种前，需用植物生长调节剂催芽。

(2) **建阳畦或塑料大棚:** 一般在入冬前，要建造好保温的风障阳畦或塑料大棚备用。畦内施足腐熟的有机肥做基肥，整好地，浇水保墒。

(3) **适期早播:** 阳畦播种适期早播，以利早收获。中原二作区最好在11～12月播种，翌年3月收获。最晚播种期在1月，在4月收获。

(4) **高密度播种:** 为了获得大量小整薯，播种应采用高密度，每平方米40个为宜。双行单垄，垄距60～65厘米，垄内小行距10厘米，行内株距 8～10 厘米，每亩 9 000～10 000 株。按每株结薯 3～4 个计算，每平方米可收小薯120～160 个。

(5) 播种方法： 播种前 15 天左右，在阳畦上面覆盖塑料薄膜，夜间加盖草苫子以提高床温。应选晴暖天气进行播种。开浅沟后播种，在种薯上面覆土 12～15 厘米，并加盖地膜。

(6) 田间管理： 出苗前密闭保温，夜间尽量加盖草苫子，以提高阳畦内温度，促进其早发芽。出苗后白天应保持 22～28℃，夜间 10～14℃。草苫子应设法早揭晚盖，确保有充足的光照。阴雨天也应揭苫子，防止植株黄化。天暖或畦温过高时要适当通风降温。如果土壤干旱，可浇水 1～2 次，并结合苗情每亩追施复合肥 10 千克。

(7) 适期收获： 生长后期，拔除病株、退化株。在当地翅蚜发生高峰期前，块茎直径 3～4 厘米时便可适期收获，并使种薯收获后能有 4 个月左右的贮藏期。收获早，虽然产量低，但秋播后出苗早、齐，产量高。收获切勿过晚。

(8) 合理贮藏： 阳畦种薯收获后装到竹筐

内，放在温暖、通风、无光的室内。切不可放在冷凉的地窖内贮藏。使种薯达到生理适龄，以利秋播。贮藏期间若顶芽萌发，可随时掰掉，促使侧芽萌发，以增加种薯芽数。

24. 秋播前种薯如何正确处理？

秋播种薯用阳畦种薯时，至秋播时已达到适龄，一般无需种薯处理，可直接播种。若阳畦种薯收获过晚，至秋播时的贮藏期少于 4 个月时，种薯的萌芽慢而少时，播种前应进行种薯处理。秋播种薯是春播大田薯时必须进行种薯处理。

（1）配制种薯处理液：准确称取 1 克纯赤霉素，放入 100 毫升酒精中，配成 10 000 毫升/升的赤霉素母液，使用时加水稀释成 10～20 毫升/升的赤霉素液备用。

（2）赤霉素浸种催芽法：于秋播前 10～15 天，将选出的种薯浸于赤霉素溶液中。浸种 15 分钟后捞出，堆积于通风、阴凉、避雨处。每堆种薯 30 千克左右，薯堆上覆盖 4 厘米的细沙，再覆盖草苫子保湿。7～10 天后检视薯堆，芽长 2～3 厘米时即可扒开薯堆，使芽见光绿化炼苗

1～2 天后播种。芽不够长者继续堆积催芽。经过 5～6 天取第二批播种，再经 5～6 天取第三批。

（3）赤霉素甘油催芽法： 该法适用于贮藏期的生理幼芽，促使种薯迅速通过休眠期。赤霉素的母液制备同上。稀释时用的水和甘油的比例为 4：1。配制成的赤霉素浓度为 50～100 毫升/升。可从收获后 10 天左右开始处理种薯，以后每 20 天处理一次。用毛笔蘸液涂抹薯顶或用喷雾器喷布薯表面，处理后置于暗处以利发芽。萌芽长 1 厘米左右时，令其见光绿化壮芽。

有的地方为简化催芽进程，可在临近播种时先用赤霉素甘油处理种薯，播种时再用 10 毫升/升赤霉素水溶液喷布种薯，使薯皮全部湿润后，立即播种。

25. 秋薯如何播种？

播种期：秋播马铃薯的播种适期是以当地的枯霜期为准进行计算，往前推至马铃薯的见光生长期加出苗期，即为播种期。若当地的平均枯霜期为 10 月 25 日，马铃薯应有的见光生长期为 60 天，出苗期为 10～20 天，则播种期为 8 月

5～15 日。播种期延后，则块茎来不及形成就遇霜，会降低产量。播种期提早，则病毒病和疮痂病严重，也不利于高产。

一般情况下应依栽培目的和播种材料不同而灵活掌握。小整薯播种均可提早，商品食用薯也要适当早播。种用薯晚播，切块薯种的也比较晚。华北地区均在 8 月上旬播种，下旬齐苗。广东、海南利用冬闲和早春栽培两季马铃薯，秋播则在 9 月下旬至 10 月下旬播种，冬播在 1 月上、下旬播种。

播种方法：播种田应选在高燥、容易排水的地块上。秋薯播种正处在高温强日照季节，为了创造较为冷凉的环境，应选择背阴坡播种。背阴坡不受阳光直射，温度低，薯块较少受到高温影响，出苗早，出苗齐。

秋薯栽培，密度大，每亩要求茎数 9 000～10 000 棵，则行距为 60 厘米，株距 20 厘米。在施肥和翻耕后，按行距 60 厘米开 3～4 厘米深的浅沟，施入复合肥 5～6 千克或硫酸铵 5 千克作种肥，然后播种，再覆土 10～14 厘米。在黏壤土或多雨年份，可起垄高 15 厘米，在垄上播种。

26. 如何对秋薯进行田间管理？

播种后立即浇水，直到出苗不可断水，以保持土壤凉爽湿润，有利于出苗。秋马铃薯病虫害严重，容易造成缺苗断垄，通过及时补苗，争取全苗，为高产奠定基础。

在出苗后到团棵前连续追肥 2～3 次，每次每亩追施复合肥 10 千克。每次追肥需结合浇水进行，每浇一次水，中耕一次，使土壤见干见湿，保持土壤通气。结合中耕培宽并加厚垄土。秋马铃薯一般需松土、除草、培土 3～4 次。出苗前如土表结壳，要扒土平垄；齐苗后到封行前，马铃薯田间杂草生长很快，应进行 1～2 次中耕和除草。苗高 16～20 厘米时，中耕结合培土，有利于结薯，防止"露头青"及避免后期薯块受冻。

27. 秋薯何时收获为好？

秋薯丰产的关键之一是适当晚收。南方二作区不能影响下茬作物的安排，在块茎长到一定大小时及时收获。北方地区为提高产量，尽量延长秋薯田间生长的时间，直到 11 月上旬，有的在 11 月下旬，待酷霜打死茎叶后才可收获。收获时要在晴天上午 9 时至下午 4 时进行。对于病株、死株、杂株、退化株等不该要的块茎，要在 10 月中下旬霜打前拔除，并刨出地下块茎进行处理，切勿混入健薯中，以免烂窖。

收获后晾干薯块表面，即可分级入窖。

28. 马铃薯间作套种的意义何在？

马铃薯是间作套种的理想作物，可与不同形态的作物合理搭配种植在同一块土地上，在一定的时间内共生在一起，可充分利用土地、时间、空间和光能，变一年两熟为三熟、四熟，增加了复种指数，这种栽培措施称为间作套种。马铃薯较耐低温，播种早，植株矮小，根系分布浅，收获早，与套种作物共生期短，相互影响小。适合与马铃薯间作套种的农作物有多种，主要有玉米、棉花、小麦、甘薯、西瓜等，可以充分利用土地资源，大幅度提高单位面积产量，以获得较好的生态效益、经济效益和社会效益。

29. 马铃薯与其他农作物间作套种有哪几种模式？

(1) 马铃薯与玉米间作套种：这是一种粮产区普遍采用的种植模式。

马铃薯双垄玉米双行宽幅套种：采取宽幅距140厘米，幅内马铃薯按行距60厘米、株距20厘米种2行，每亩4 764株；玉米按行距40厘米、株距30厘米条播2行，每亩3 176株。马铃薯收后，薯秧给玉米压青培肥并培土。再将玉米大行间土壤整平作畦。随即移植提前20天育苗的夏玉米，浇透水。待玉米苗成活后，将春玉米基部枯黄老叶摘去，以利透光壮苗。夏玉米收后播种小麦。

马铃薯宜选择早熟矮棵品种，种薯需进行播前处理，争取早出苗、早收获。春玉米选用晚熟高产品种，夏玉米选用早熟品种，争取在冬小麦播前收获。

马铃薯双垄玉米三行宽幅套种：该种植模式适合于玉米杂交制种田。幅宽2.2米，用3∶2种植模式，3行玉米2行马铃薯。马铃薯早播，行距60厘米、株距20厘米，每亩3 032株；春玉米按小行距40厘米、株距30厘米条播3行，父本居中，两侧母本，每亩3 335株。马铃薯收后薯秧压青培肥，培土作畦。移植夏玉米2行，玉米收后播种冬小麦。

马铃薯 4 垄玉米 2 行宽幅套种：该种植模式适用于粮区，马铃薯栽培春、秋两季，玉米春、夏两季，一年四作四收，做到薯粮双丰收。一般 2.8 米宽为一幅，春玉米按行株距 40 厘米×15 厘米条播 2 行，每亩 3 170 株；春马铃薯按行株距 60 厘米×25 厘米播种 2 行。每亩 3 800 株。春马铃薯收后在中央垄沟上条播 2 行夏玉米。春玉米收后于夏玉米大行间播种秋马铃薯 4 行。

该种植模式要求土壤水肥条件高，春玉米要早播早收，玉米最好用育苗移栽的方法，确保苗全苗壮。种和管紧密衔接，加强田间管理，才能取得好收成。

（2）马铃薯与棉花间作套种：马铃薯与棉花间套作是棉产区常用的一种种植模式。目前采用较多的有两种方式：

马铃薯双垄棉花 2 行宽幅套种：宽幅距 1.8米。马铃薯按行株距 60 厘米×20 厘米先播种 2 行，每亩 3 705 株；棉花于霜终后按 40 厘米×18 厘米播种 2 行，每亩 4 117 株。

马铃薯双垄棉花 4 行宽幅套种：该模式以棉花为主，适合棉区应用。播幅宽 2.64 米，马铃

薯按行株距 60 厘米×20 厘米先播种 2 行，每亩
2 527 株；棉花按 48 厘米×18 厘米条播 4 行，
每亩 5 614 株。

在薯棉间、套种时，马铃薯要适时早播，覆
盖地膜，及时培土，促进马铃薯早成熟，早收
获。收后将其薯秧压青作为绿肥，为棉花生长创
造良好的生态环境。马铃薯浇水时，应在薯行间
进行，不能浸过薯、棉交接的行间，以免影响棉
花的生长发育。

（3）马铃薯与大豆间作套种：该种植模式保
证薯、豆双丰收。马铃薯按行株距 82 厘米×26
厘米先播种 1 行，每亩 3 000 株；马铃薯出苗后
于行间点播大豆 1 行，穴距 26 厘米，每穴 3 苗，
每亩 9 000 株。

（4）马铃薯与甘薯间作套种：马铃薯的块茎
和甘薯的块根虽然都是生长在土壤中，但两种作
物共生期间并不矛盾，且可充分利用土地资源。
一种模式是早春先起甘薯垄，垄距 74 厘米。在
垄中播种马铃薯，株距 16 厘米，每亩 5 290 株。
天暖后扦插甘薯苗，行株距为 74 厘米×33 厘
米，每亩 2 645 株。甘薯前期发根长蔓较晚，待

其茎蔓分枝，旺盛生长时，马铃薯已经成熟。马铃薯收后再给甘薯扶垄，且可每隔 2～3 垄甘薯套种夏玉米一行。另一种模式是马铃薯两行甘薯两垄，播幅为 1.65 米，马铃薯 2 行，行距 60 厘米，宽行 105 厘米再植 2 行甘薯，行距 35 厘米，甘薯距马铃薯为 35 厘米。马铃薯株距 20 厘米，每亩 4 040 株，甘薯株距 30 厘米，每亩 2 693 株。马铃薯前期培垄，便于浇水，马铃薯收后再给甘薯扶垄，互不影响。

（5）**马铃薯与蔬菜间作套种**：该模式主要适用于蔬菜产区。由于蔬菜种类繁多，特性各异，所以马铃薯与蔬菜的间、套作方式也很多。目前常见的有以下几种：

马铃薯与瓜类间套种：主要与南瓜间套作，播幅宽 5.4 米，种马铃薯 8 垄，行距 60 厘米，株距 20 厘米，每亩 4 764 株，留出瓜畦 60 厘米，畦内按行株距为 50 厘米×30 厘米种瓜 2 行。块茎收后，瓜蔓爬入。南瓜收后种秋菜。

马铃薯与西瓜、冬瓜、笋瓜等间套作：可用 2.0 米或 2.6 米宽播幅，种马铃薯 3 行或 4 行，窄行 60 厘米，宽行 80～97 厘米，宽行种瓜，株距 50 厘米。在马铃薯收获前，瓜蔓顺行爬，收获后将瓜蔓整理成与行垂直爬，马铃薯每亩 5 012 株，瓜类每亩 512 株。

马铃薯与喜温而生长期长的直立性蔬菜间套作：马铃薯与甜椒、茄子等套作时，幅宽 1.0 米，按行株距 20 厘米×15 厘米播种马铃薯 2 行，每亩 6 667 株，后培土成大垄。晚霜过后，在垄的一侧定植甜椒或茄子，茄子的株距为 50～60 厘米，每亩 1 333～1 075 株；甜椒的株距为 33 厘米，每穴双株，每亩 4 040 株。马铃薯收后将茄子或甜椒培土成大垄。但一般情况下马铃薯不应与同科作物间作套种，尤其是种薯生产时既不能和茄科作物茄子、甜椒等套种，也不能邻近种植，否则茄科病毒等极易危及马铃薯。

马铃薯与耐寒而生长期长的蔬菜间套作：马铃薯与这类蔬菜间套作较成功的主要有甘蓝、大葱等。与甘蓝间套作时，幅宽 2.0 米，种一行马铃薯，株距 20 厘米，每亩 1 668 株。马铃薯垄间作畦，定植中晚熟甘蓝，株行距为 50 厘米×50 厘米。

秋播马铃薯与大葱间作：初夏按 1.0 米幅宽

开沟栽植大葱，株距 5～6 厘米，每亩 12 000 株。秋初播种马铃薯，株距 20 厘米，距大葱 25 厘米，每亩 3 333 株，播后培土成垄。

其他方式还有很多，但要根据当地茬口、劳力、水利、肥料等各种条件科学安排，应尽量避免间套作物相互争水、争肥、争劳力，并要加强田间管理，减少病虫草危害。

(三) 马铃薯病虫害防治技术

30. 如何诊断和防治马铃薯病毒病？

马铃薯的病毒病是由多种病毒侵染引起，其中一些病毒还侵染番茄、甜椒、大白菜等作物。病毒病是马铃薯发生普遍而又严重的病害，世界各地均有发生，是马铃薯退化变质减产的主要原因。

(1) **发病症状**：马铃薯发生病毒病主要有 3 种症状：

花叶症：在叶片上出现淡绿、黄绿和浓绿色相间的斑驳或花叶，叶片缩小，叶尖向下弯曲、皱缩，植株矮化，严重时全株发生坏死性花斑，甚至枯死，该病一般称为皱缩花叶病。温度过高或过低时症状隐蔽，但可以成为传染源，一般在薯块上没有症状。通常可减产 10%～20%。

卷叶症：病株下部叶片边缘以主脉为中心向上卷曲呈勺形，重者呈圆筒状。叶片变厚、变硬、变脆。严重的卷叶由下而上，节间缩短，株型松散、矮化、早衰。有些品种叶色褪绿，叶背呈紫红色，病株块茎切面呈网状坏死斑，一般叫卷叶病，由蚜虫传毒，通常可减产 40%～60%。

条斑症：病株顶部叶片的叶脉产生斑驳，背面叶脉坏死，严重时沿叶柄蔓延至主茎，主茎上发生褐色条斑，导致叶片完全坏死并萎蔫。病株矮小、茎叶变脆，节间缩短，叶片呈花叶状，丛生。一般称为条斑病，也叫束顶病或重花叶病，主要由接触和蚜虫传毒，通常可减产 50%。

(2) **发病原因**：病原为马铃薯 X 病毒、马铃薯 S 病毒、马铃薯 A 病毒、马铃薯 Y 病毒、马铃薯卷叶病毒。以上几种病毒，除马铃薯 X 病毒外，均可通过蚜虫及汁液摩擦传播。田间管理条件差，蚜虫发生量大时马铃薯病毒病发病严重。此外，25℃以上高温会降低寄主对病毒的抵抗力，也有利于传毒媒介蚜虫的繁殖、迁飞或传病，从而利于病毒病的蔓延，加重受害程度，所以冷凉山区栽培马铃薯发病较轻。

（3）**防治措施：**一是农业综合防治：选用无病毒或少病毒种薯，推广抗病毒品种，及时防治蚜虫，加强田间栽培管理，利用夏播或秋播留种。通过单株留种，也可以通过茎尖脱毒培养的方法或通过实生苗法避免或减轻病毒危害。整薯播种，阳畦留种，在凉爽的山区建立留种田等也都是行之有效的方法。将马铃薯的播种期推迟到夏季，使结薯期避开高温。在一年二作产区，春薯早收后可用1％的硫脲浸种4小时，打破休眠后催芽秋播，在冷凉季结薯，以减少薯块内病毒侵染量。二是化学防治：发病初期，可选用0.5％菇类蛋白多糖水剂300倍液、20％盐酸吗啉胍·铜可湿性粉剂500倍液、5％菌毒清水剂500倍液、0.5％氨基寡糖素可湿性粉剂300倍液、40％吗啉胍·羟烯腺·烯腺可湿性粉剂1 000倍液、3.95％三氮唑核苷·铜·锌水乳剂500倍液、7.5％菌毒·吗啉胍水剂500倍液或25％吗啉胍·锌可湿性粉剂500倍液。使用时加入磷酸二氢钾或氨基酸等叶面肥喷雾效果更好。

31. 如何诊断和防治马铃薯晚疫病?

晚疫病是马铃薯发生最普遍、最严重的侵染性、速发性、毁灭性病害。在我国各地特别是中部、北部地区均有发生,发生严重年份,可使马铃薯减产 20%～40%。

(1) 发病症状: 在阴雨连绵,温度较低,湿度较大的地区最易发病。马铃薯的叶片、茎、块茎均能受害。茎叶发病时,初期呈不规则的黄褐色斑点,水浸状。气候潮湿时病斑迅速扩大,腐烂发黑,病斑没有明显的边缘界限。雨后或有露水的早晨,叶片背面病斑边缘生成茂密的白色霉层。中心病株出现时,一周内可蔓延全田,茎叶发黑枯死。孢子落入土壤中侵染块茎,初期呈褐色或带紫色的病斑,稍凹陷,皮下呈红褐色,并逐渐向周围和内部扩展。严重时块茎腐烂,入窖更易传染。

(2) 发病原因: 马铃薯晚疫病是真菌病害,病菌以菌丝体在块茎中越冬,带菌种薯是初侵染的主要来源。播种带菌种薯,导致不发芽或发芽后出土即死去。有的出苗后成为中心病株,病部产生孢子囊借气流传播,侵染周围的植株,致使该病由点到面，迅速蔓延扩大。病株上的孢子囊落到地面，还可随水渗入土壤中侵染块茎，即形成病薯，成为翌年主要侵染源。温度、湿度是晚疫病发生的关键气候条件。病菌喜日暖、夜凉、高湿的条件，在相对湿度95％以上，18～22℃的条件下，有利于孢子囊的形成。菌丝生育适温是20～23℃。当白天温度在22℃左右，相对湿度8小时保持在95％以上，夜间温度在10～13℃，叶片上有水滴，保持11～14小时，有利于孢子囊直接产生芽管，发病迅速。因此，阴雨、多雾、多露的天气有利于病害蔓延和流行。

此外，重茬地、低洼地，春薯晚播，管理粗放，排水不良，施用氮肥过量，植株徒长的情况下，晚疫病发病严重。

（3）**防治措施**：一是农业防治：选用抗病品种和种薯，减少初侵染源。加强田间管理，尽量避免在低洼地、土壤黏重地栽培，要施足基肥，合理追肥浇水，促进植株健壮生长，增强抗病力。及时进行中耕除草和培土，及时拔除病株。二是化学防治：发病初期，可用1：1：200倍的波尔多液或 1 000 倍的硫酸铜液，或 66％的代森锌可湿性粉剂 500 倍液，或 40％乙膦铝可湿性粉剂 300 倍液，或 25％瑞毒霉可湿性粉剂1 000倍液，或 64％的杀毒矾 500 倍液，或 58％甲霜锰锌 400～500 倍液，或 40％疫霉灵 200～250倍液，间隔 7～10 天喷施 1 次，连续喷施2～3 次。

32. 如何诊断和防治马铃薯早疫病？

马铃薯早疫病也称夏疫病、轮纹病和干枯病。在马铃薯各个栽培区均有发生。

（1）**发病原因**：叶片上的症状最明显，叶柄、茎、匍匐茎、块茎、果实等部位均可发病。茎、叶发病产生近圆形或不规则形褐色病斑，上有黑色同心轮纹，病斑外缘有黄色晕圈，病斑正面产生黑色霉。染病严重时，大量叶片枯死，全株变褐死亡。薯块发病，产生黑褐色的近圆形或不规则形病斑，大小不一。病斑略微下陷，边缘微凸，病斑下面的薯肉变紫褐色干腐。

（2）**发病条件**：马铃薯早疫病是真菌病害，病菌随病株残体在土壤中越冬，也可在薯上越冬。生长季节，病株上产生的孢子，可由风、雨、灌溉水或昆虫等分散传播。高温高湿、重茬地、低洼地、土壤缺肥、生长势差的情况下发病严重。

(3) 防治措施：同晚疫病。

33. 如何诊断和防治马铃薯环腐病？

马铃薯环腐病又称转圈病、黄眼圈。播种期、收获期与发病有明显关系。播种早发病重，收获早发病轻。夏播因播种晚，收获早，发病较轻。早期发现于黑龙江，目前全国各地均有发生，受害后可造成 10%～30%的减产。

(1) 发病症状：环腐病是细菌性维管束病害，田间发病早而重的可引起死苗，受害植株生长迟缓，矮缩瘦弱，分枝少，叶片变小。发病晚而轻的植株症状不明显，仅顶部叶片变小，后期才表现 1～2 枝条或整株萎蔫。叶柄在开花前后开始表现症状，叶片褪绿，叶脉间变黄，出现褐色的病斑，叶缘向上卷曲，自下而上叶片凋萎，但不脱落，最后整株枯死。受害薯块外部无明显症状，只是皮色变暗，芽眼发黑枯死，有的表面龟裂，切开后可见到维管束呈乳白色或黄褐色的环状部分，用手挤压流出乳黄色细菌黏液。重病薯块病部变黑褐色，生环状空洞，用手挤压，薯皮与薯心易分离。

(2) 发病原因：细菌在病薯中越冬，也可在存放薯块的容器内存活。病薯是环腐病的初侵染来源。发病适温在 18～24℃ 之间，25℃ 为最适温度。16℃ 以下，30℃ 以上病害受到抑制。切块种植时，病菌借刀具传播，成为环腐病传播蔓延的重要途径。

(3) 防治措施：采用综合防治措施，如选用抗病良种，选购脱毒种薯，引种调种要经过检疫部门严格检疫。提倡用小整薯播种，对切块的切刀和装种薯器具进行消毒，避免传病。播前进行晒种催芽等。

34. 如何诊断和防治马铃薯癌肿病？

马铃薯癌肿病是危害性极大的病害，分布在世界 50 多个国家，在我国西南地区发生，不抗病的品种感染了癌肿病，可造成毁灭性的损失，发病轻的减产 30% 左右。感染上病原菌的块茎品质变劣严重、烂臭，完全失去食用价值。

(1) 发病症状：马铃薯染病后，除根部外肿瘤遍及全株，都能形成大小不一的肿瘤，小的如油菜籽，大的可长满整个薯块，个别的可超过薯块本身的百倍以上。瘤状组织初为黄白色，露出土表后变为绿色，后期变为黑褐色，腐烂，恶臭。带菌种薯在贮藏期间还可继续侵染而致烂窖。

（2）**发病原因**：癌肿病为真菌性病害。病原菌孢子在土壤中潜存的时间可长达 20 余年之久，具有极强的侵染力。此外，带菌的种薯也是主要的传染源，还有带菌的土壤、肥料、病株残体、操作人员及农具、役畜等均可成为侵染源。游动孢子侵入块茎的适温为 12～24℃，最适温为 15℃。土壤湿度为最大持水量的 70%～90%时，地下部发病最严重。

（3）**防治措施**：严格检疫。病区种薯绝不能外调使用，病区土壤也不能外运。要选用抗病品种，如抗癌肿病性能最好的米拉。病田忌连作，应与非茄科作物轮作。

35. 如何诊断和防治马铃薯疮痂病？

疮痂病被视为马铃薯生产中的世界性病害，在我国许多马铃薯主产区普遍存在，连作地、偏碱地及田间管理粗放的情况下发病严重。

（1）**发病症状**：疮痂病主要为害块茎。对不抗病品种和秋薯侵染尤为严重。发病初期，染病块茎外皮生出褐色斑点，随后逐渐扩大，破坏表皮组织，病斑中部凹陷，有疮痂状褐斑。疮痂内含有成熟的黄褐色病菌孢子球，一旦表皮破裂，剥落，便可露出粉状的孢子团。病斑仅限于皮部，不深入薯块内部（区别于粉痂病）。受害薯块品质低劣，不耐贮藏。

（2）**发病原因**：疮痂病属于放线菌病害，是当前除晚疫病以外发生情况较为严重的病害。病菌在土壤腐生，也能在病薯上越冬，主要可由带菌种薯和土壤传病，由皮孔和伤口处侵入块茎。在微碱性土壤上发病较重，酸性土壤，尤其是土壤 pH5.0 以下发病较轻。但块茎膨大期遇阴雨，土壤湿度大时易发病。

（3）**防治措施**：同环腐病。

36. 如何诊断和防治马铃薯黑痣病？

黑痣病又称黑色粗皮病、茎溃疡病，是一种重要的土传真菌性病害。近年来随着马铃薯种植面积的逐渐扩大，重迎茬问题日渐突出，一般可造成马铃薯减产 15% 左右，个别年份发病严重可达全田毁灭。

（1）**发病症状**：马铃薯黑痣病因受害部位不同而表现多样，主要在块茎上发病。苗期主要侵染地下茎，近地面的茎部初生黑褐色线状病斑，以后变深，包围茎部。接近地面的茎叶表面密生白色粉末（担孢子），溃疡严重时阻止养分向块茎输送，而在地上茎中积累，使茎变粗而植株矮化或产生许多气生薯。薯块感病时多以皮孔为中心，形成褐色病斑，以后干腐或变成疮痂状而龟裂，有时薯块表面散发黑褐色土块状的小菌核。

（2）**发病原因**：黑痣病是马铃薯丝核菌溃疡病的病原菌侵染所致，是一种真菌性病害，其无性繁殖阶段为立枯丝核菌，有性世代为兼性寄生菌。该菌有多个株系，寄主范围非常广泛，至少能侵染 43 科 263 种植物。该病菌可以菌丝体的形式随植物残体在土壤中越冬，并以菌核形式在块茎上或土壤里存活过冬。翌年病菌侵染幼芽、地下茎、匍匐茎和块茎。该病菌能在较大温度范围内生长，菌核在 8～30℃皆可萌发，担孢子萌发的最适温为 23℃，最适宜该病发展的土壤温度为 18℃。

（3）**防治措施**：一是农业防治：如选用无病种薯，培育无病壮苗，建立无病留种田。避免重迎茬，可与小麦、玉米、大豆等作物倒茬，实行3年以上轮作制。应选择地势平坦、排灌便捷的地块，适时晚播或浅播，提高地温，促苗早发，减少病菌侵染。加强田间管理，及时拔除病株。二是化学防治：如药剂拌种，种薯用多菌灵等内吸性杀菌剂稀释液浸种或2.5%适乐时等药剂稀释液拌种。

37. 如何诊断和防治马铃薯青枯病？

马铃薯青枯病又叫细菌性枯萎病、褐腐病、洋芋瘟，是一种维管束病害。以黄河以南、长江流域诸省发病最重。严重发病的地块损失高达80%以上，属于毁灭性病害。

（1）**发病症状**：马铃薯植株发病时，首先出现一个主茎或一个分枝萎蔫青枯，其余枝叶生长正常，但不久相继枯死。病菌从维管束侵入茎内，从匍匐茎侵入块茎，脐部组织最先出现黄褐色病斑。将薯块切开即可看到从脐部到维管束环的病症。发病后期，用手挤压块茎病处，可出现乳状病液，但薯肉和皮层并不分离。重病薯块芽眼先发病，不能发芽并致使整薯腐烂。

（2）该病原菌为细菌性青枯假单孢菌，主要通过块茎、寄生植物和土壤传病。种薯传病是最主要的，尤其是潜伏状态的病薯，在低温下无病症，遇到高温、高湿则会传病迅速。

（3）**防治措施：**一是农业防治：选用抗青枯病良种，精选无病种薯。与小麦、玉米、大豆、甘薯、棉花、油菜等作物实行 3 年以上的轮作。春薯应适时早播，秋薯应适时晚播。加强田间管理，实施配方施肥，施足基肥，勤施追肥，增施生物肥和微肥。酸性土壤应结合耕地每亩施用生石灰 100～150 千克，抑菌效果较好。初发现病株及时拔除并进行病穴消毒。二是化学防治：发病初期可用 72％硫酸链霉素可溶性粉剂 500 倍液，或 25％络氨铜水剂 500 倍液，或 12％松脂酸铜乳油 600 倍液，或 77％氢氧化铜可湿性微粒粉剂 400～500 倍液，或 47％春雷·氧氯铜可湿性粉剂 700 倍液，或 30％琥胶肥酸铜悬浮乳液 500～600 倍液，或 70％甲霜铝铜可湿性粉剂 250 倍液等灌根，每株 0.3～0.5 毫升，间隔 10 天左右 1 次，陆续灌根 2～3 次。

38. 马铃薯有哪些生理性病害？

马铃薯除感染病毒病、真菌病、细菌病等病害外，还有一些非寄生性的生理病害，发病普遍，其危害和造成的损失有时也十分严重。特别是收获后块茎的生理病害，给贮藏和加工带来许多困难，造成较大经济损失。生理病害就发生原因和症状表现的部位和时期，可分为矿质营养失调生理病害、不良气候危害生理病害和块茎生理病害三大类，如马铃薯空心病、黑心病、块茎裂口等。

39. 如何诊断和防治马铃薯块茎空心病？

（1）**发病症状**：块茎空心是在块茎中央部位有一个空腔，空腔边缘形成木栓化组织，呈星形放射状或两三个空腔连接起来，空腔壁呈白色或浅棕色。空心病多发生于块茎的髓部，外部无任何症状，地上部也没有任何症状，但对块茎的食用品质影响很大，尤其是用于炸薯条、炸薯片的块茎。

（2）**发病原因**：空心病主要是其生长条件突然过于优越，促使块茎急剧膨大增长造成的。生育期多肥、多雨、株间距过大，大量吸收水分、养分，块茎急剧增大，淀粉再度转化为糖，中间干物质少，因而形成了空洞。在种植密度不合理的地块，比如种得太稀或缺苗太多，造成生长空间太大，或缺钾等都会使空心率增高。

（3）**防治措施：**选择空心发病率低的品种，适当调整密度，缩小株距，减少缺苗率，使植株营养面积均匀，保持田间群体结构状态良好。加强田间肥水管理，增施钾肥，及时培土。

40. 如何诊断和防治马铃薯块茎黑心病？

（1）**发病症状：**块茎黑心病主要是薯块贮藏期受害。在块茎中心部发生，形成黑色或蓝黑色的不规则花纹，变黑部分失水变硬，呈革质状，放置在室温下还可变软。有时切开薯块无症状，但在空气中，中心部很快变成褐色，继而变成黑色。块茎外表常不表现症状。缺氧严重时整个块茎都可能变黑，易受外界病菌感染而腐烂。

（2）**发病原因：**发病的主要原因是块茎内部组织供氧不足导致呼吸窒息而致。贮藏的块茎，在过高或过低的极端温度及通气不良的情况下，均会加剧黑心病的发生。其重要原因是氧气不能迅速地通过组织进行扩散。

（3）**防治措施**：在运输和贮藏过程中注意保持薯堆良好的通气条件和适宜的温度。

41. 如何诊断和防治马铃薯块茎裂口？

（1）**发病症状**：收获时常看到有的块茎表面出现一条或数条纵向裂口，表面被愈合的周皮组织覆盖，这就是块茎裂口，离开的长短不一，严重影响商品价值。

（2）**发病原因**：块茎在迅速生长期，若遇干旱未能及时浇水或缺肥未能及时追肥或长期处于高温高湿或高温干旱等条件下，块茎的淀粉向表皮溢出，出现"疙瘩"或薯皮溃疡。有的由于内部压力超过表皮的承受能力而产生了裂缝，随着块茎的膨大，裂缝逐渐加宽。有时裂缝又逐渐"长平"，收获时只见到"痕迹"。其原因是土壤忽干忽湿，块茎在干旱时形成周皮，膨大速度慢。潮湿时植株吸水多，块茎膨大快而使周皮破裂。此外块茎膨大期土壤肥水偏大，也易引起薯块外皮产生裂痕。

（3）**防治措施**：主要是增施有机肥料，确保土壤肥力供应均衡，在块茎膨大期要适时适量浇水施肥，及时中耕除草，做到旱能浇、涝能排，为块茎膨大创造良好土壤环境。

42. 如何识别和防治马铃薯瓢虫？

马铃薯瓢虫又叫马铃薯二十八星瓢虫、花大姐等，主要包括马铃薯瓢虫和酸浆瓢虫。前者又叫大二十八星瓢虫，后者又叫小二十八星瓢虫或茄二十八星瓢虫。马铃薯瓢虫主要分布在北方，以东北、华北和内蒙古等地最普遍，茄二十八星瓢虫分布在全国，以江南受害最重。除危害马铃薯外，还危害其他茄科或豆科植物，如茄子、番茄及菜豆等。

(1) **为害特点**：成虫和幼虫均能为害马铃薯，幼虫的为害程度重于成虫。幼虫群居于叶片背面啃食叶肉，仅残留一层表皮。老熟幼虫和成虫为害全部叶片，仅剩下主叶脉，还咬噬花瓣和萼片，严重时只剩下茎秆。遇大发生年份，会导致全田薯苗干枯，远看一片枯黄色。轻者可减产10%左右，重者可减产30%以上。

(2) **生活习性**：马铃薯瓢虫在华北地区一年发生2代。以成虫多在背风向阳的石缝、树洞、杂草丛中越冬，有时入土3～6厘米越冬。在华北地区5月开始活动，先到茄科等杂草上取食，后转到马铃薯上为害。6月上中旬为产卵盛期，6月下旬至7月上旬为第一代幼虫危害盛期，8月下旬为第二代幼虫为害盛期。幼虫于8月下旬化蛹，9月上中旬羽化为成虫，陆续进入越冬期。幼虫期16～26天，一代蛹期5～7天。幼虫初孵化不活动，数小时后才活动取食。2龄前多聚集于叶片背面取食。2龄后逐渐分散为害。幼虫和成虫均有假死性，还可自食其卵。茄二十八星瓢虫一年可发生3～6代。马铃薯瓢虫成虫必须取食马铃薯叶片才能顺利完成生活史。

（3）**防治措施：**一是清洁田园。收获后清除残株落叶，深翻土地，消灭越冬成虫。二是人工扑杀。利用瓢虫的成虫和幼虫均有假死的习性，可以拍打植株使之坠落在盆中，进行扑杀。还可在其产卵期摘除叶背上的卵块和植株上的蛹，集中杀灭。二是化学防治：应在幼虫分散前施药，因为幼虫在二龄后才分散在其他叶片上为害，可用90%敌百虫或50%辛硫磷各1 000倍液，或2.5%溴氰菊酯3 000倍液，或40%菊马乳油2 000～3 000倍液喷洒，特别注意喷到叶背面，间隔 7 天左右，连续喷施 2～3 次，效果不错。

43. 如何识别和防治马铃薯蚜虫？

蚜虫又叫棉蚜、腻虫，为害马铃薯的蚜虫主要是桃蚜，分类上属于同翅目蚜科。蚜虫分布最广，几乎遍及全世界。我国马铃薯产区分布也很广。

(1) **为害症状**：蚜虫除为害马铃薯外，还为害棉花、豆类、瓜类以及十字花科作物。主要以成虫和若虫吸食嫩叶和嫩茎上的汁液，造成叶片卷曲畸形，难以正常生长。此外，蚜虫在取食的过程中传播病毒，造成种薯退化，大幅度减产。蚜虫传毒的间接为害远大于取食的直接为害。

(2) **生活习性**：蚜虫的生活史属全周期迁移式，即该虫可营孤雌生殖与两性生殖交替的繁殖方式，并具有季节性的寄主转换习性。可在冬寄主和夏寄主上往返迁移为害。在温室和温暖的南方地区，蚜虫终年营孤雌生殖，且无明显的越冬滞育现象，年发生世代多达 30 代以上。以卵的形式藏在杂草中越冬，翌年春季孵化，在越冬杂草上繁殖几代后就开始产生有翅蚜迁飞到马铃薯、豆类等植物上为害。蚜虫繁殖的最适温度为16～22℃。当气温高于25℃，相对湿度达到75％以上时能有效抑制蚜虫的发生。

（3）防治措施：一是农业防治措施。利用栽培方法避蚜，可以早播，在蚜虫发生高峰即将到来时提前灭秧，避开蚜虫为害。采取避蚜作物与马铃薯间作或套作。二是生物防治措施。可利用蚜蝇、瓢虫、蚜茧蜂等蚜虫的天敌进行生物防治。可利用黄板诱杀翅蚜，即在有翅蚜向薯田迁飞时，田间插上涂有粘胶的黄板诱杀有翅蚜，或在田间插竿拉挂银灰色反光膜条驱避蚜虫。三是化学防治措施。可穴施有内吸作用的杀虫剂，如70％灭蚜硫磷，每亩200克，在播种时撒于种薯周围。可长期用药剂喷雾杀蚜，选用10％吡虫啉可湿性粉剂2 000倍液，或40％乐果乳剂1 000～1 500倍液，或50％抗蚜威可湿性粉剂2 000倍液，或52.5％毒死蜱·氯氰菊酯乳油1 000～1 500倍液或2.5％高效氯氟氰菊酯乳油1 000～1 500倍液等交替喷雾防治，效果较好。

44. 如何识别和防治马铃薯块茎蛾？

马铃薯块茎蛾又叫马铃薯麦蛾、烟潜叶蛾。

分布于我国西南、中南及江西、台湾、安徽、河南、陕西、山西、甘肃等省（自治区）。在西南地区发生较多，一般年发生6～9代。

（1）**危害特征**：主要危害茄科植物，其中以马铃薯、茄子、烟草等受害最重，其次是辣椒和番茄等。幼虫潜入叶内取食叶肉，严重时嫩茎和叶芽枯死或全株死亡。幼虫还可从芽眼或破皮潜入块茎内，形成弯曲潜道，甚至吃空薯块，外表皱缩，并腐烂。

（2）**生活习性**：马铃薯块茎蛾主要以幼虫在窖藏薯块或田间残薯或附近茄、烟等植物茎内越冬，也可以蛹在墙壁缝隙中越冬，翌年3～4月进入田间危害马铃薯植株，9～10月越冬。成虫昼伏夜出，有趋光性，飞翔力不强。幼虫取食叶片，卵多产于薯块芽眼、破皮、裂缝及粘有泥土的部位。该虫抗寒力较弱，一般冬季严寒时，次年发生较轻。干旱年份发生较重，多雨年份发生较轻。播种浅，培土较薄时发生重，播种深，培土厚时发生轻。

（3）**防治措施**：一是进行种薯处理。不要从疫区调运种薯和未经烤制的烟草，否则，种薯需进行熏蒸灭虫处理。熏蒸方法：①磷化铝：片剂或粉剂 1 千克，均匀放入 200 千克种薯中，用塑料膜盖严，在气温 12～15℃时密闭 5 天，气温在 20℃以上时密闭 3 天。②二硫化硫：在 15～20℃的室温下每立方米种薯用药 7.5 克熏蒸 75分钟。③溴甲烷：在室温 10～15℃时每立方米种薯用药 35 克熏蒸 3 小时；在室温 28℃时每立方米种薯用药 30 克熏蒸 6 小时。上述药剂可杀死害虫，而对种薯发芽和食用无影响。

二是种薯贮藏期间的防治措施。贮藏前仔细清扫薯窖与库房，关闭门窗，防止成虫飞入产卵。种薯入窖前，可用 25% 溴氰菊酯 2 000～3 000倍液喷洒，晾干后入窖。贮藏时，精选无病薯块入窖，可用药剂熏蒸。三是建立留种基地。在无虫害发生区建立留种田，防止虫害传播。四是加强田间管理。播种时严格精选无病虫种薯，及时摘除虫叶烧毁和中耕除草，防止薯块外露，避免成虫产卵。

45. 如何识别和防治马铃薯地下害虫？

马铃薯地下害虫包括蛴螬、地老虎、金针虫等，其防治方法是清除杂草，采用糖醋液（糖、醋各 3 份，水 10 份，加入适量敌百虫）或黑光灯诱杀成虫；将鲜菜叶浸入 90％敌百虫 400 倍液中 10 分钟，在傍晚撒于田间诱杀幼虫，或将鲜菜、青草堆成小堆诱集幼虫，清晨在堆下捕捉并灭杀之。

二、山药高产栽培技术

（一）概述

46. 山药的起源与食用价值有哪些？

山药别名薯蓣、大薯、佛掌薯、山药蛋、山薯、薯芋等，是薯蓣科薯蓣属多年生草本蔓性植物。山药按起源地分为亚洲群、非洲群和美洲群。各个群中栽培种的驯化是独立进行的，历史久远。我国是山药重要原产地和驯化中心。2 000多年以前我国古代地理名著《山海经》中已有记载，亚热带地区至今还有野生种。我国除西藏、东北的北部及西北黄土高原外，其他各省均有栽培，以陕西、河南、江苏、山东一带为多。

山药食用部分为地下块茎，其营养价值很高。据分析，每100克山药块茎中含碳水化合物14.4～19.9克、蛋白质1.5～1.9克，还含有皂苷、黏液质、尿囊素、胆碱、精氨酸、淀粉酶等物质。山药性味甘平，入肺、脾、胃，有健脾、补肺、固肾、益精的功能。块茎中含肾皮素，干制入药，为滋补强壮剂，对虚弱、慢性肠炎、糖尿病、遗尿、遗精、盗汗等有辅助疗效。有些热带地区以山药为主食，它既能代粮，也可做菜，可炒、可煮、可烩，也可做糊，还可深加工成山药干或小食品或可入药等。山药还是我国传统的出口创汇农产品之一。山药很耐贮藏，供应期可长达7～8个月，有利于全年供应市场。

47. 山药有哪些植物学特征？

（1）**根系的植物学特征**：山药为须根系，由块茎发芽后，根着生于茎基部，呈水平方向伸展，主要分布在土壤浅层20～30厘米处，一方面起支撑地上部茎叶生长的作用，另一方面在土壤中吸收水分和养分，以供应庞大的地上茎和地下块茎的生长发育。

（2）**茎的植物学特征**：山药的茎有3种，其中两种在地上，一种在地下。地上部分两种，爬上架的茎蔓是山药真正的茎，为草质蔓生，长达3米以上，光滑无翼，横断面圆形或多角形，右旋，常带紫色；地上茎叶腋间生长的零余子（俗称山药豆），实际上是茎的变态，叫地上块茎，也叫球芽、气生块茎或空中块茎，呈椭圆形，直径 0.8~2.1 厘米，褐色或深褐色；第三种是地下肥大的产品器官，为地下块茎，周皮褐色，肉白色，表面密生须根，有长圆形、圆筒形、纺锤形、掌状或团块状等。虽然它们的位置和形态各异，但也都是山药的茎或是变态的茎。山药地下块茎上端生有一个隐芽和茎的斑痕，通常用来做种，称为山药栽子。块茎其他部位都有不定芽，可把块茎的任何部分切断栽植，均可长出山药来。这 3 种茎中，有两种是山药的产品器官，也是山药用以传种接代的繁殖器官，又是人类栽培山药的收获产品。需要山药则收获地下块茎，需要零余子则可收获地上茎，或两者全部收获，兼而有之。

（3）**叶片的植物学特征：**山药叶片一般都是基部呈戟状的心脏形或呈三角状卵形至广卵形，先端尖，互生或对生，极少轮生。叶柄长，叶腋发生侧枝或气生块茎又称山药豆子、零余子等。

（4）**花、果实的植物学特征：**山药的花为单性花，雌雄异株，穗状花序，2~4 对腋生，花小，花被 6，白或黄色。果实为蒴果，具 3 翅，扁卵圆形，栽培种极少结实。

山药块茎的上端较细，顶部有一隐芽，这一段作为繁殖器官，称为山药栽子。气生块茎也可用做繁殖器官。

48. 山药的生长发育周期有何特点？

山药的地上茎叶不耐霜冻，遇霜即枯死，但地下茎及块茎顶部的隐芽能耐 −10℃ 的冻土条件。在温暖地区，属宿根性作物。出于栽培和收获的需要，在冬前收刨产品，第二年栽植，又为一年生作物。山药的发育周期可分为发芽期、甩条发棵期、块茎生长盛期和收获期等 4 个时期。

（1）**发芽期**：山药用地下块茎或气生块茎繁殖。从块茎隐芽萌发到出苗后开始放叶前为发芽期，约需 35～50 天。此期间隐芽萌动，幼芽发生 5～7 条不定根，蔓性芽基部形成茎分生组织。当茎长达 1～3 厘米时，蔓性幼芽便出土成苗。

（2）**甩条发棵期**：从出苗展叶到现蕾为发棵期，约历时 60 天左右。此期间以生长蔓性茎和叶片为主，地下块茎也在不停地生长，但块茎的生长量仅为总重量的 2% 左右。

（3）**块茎生长盛期**：从现蕾到地上茎叶停止生长为块茎生长旺盛期，这是山药一生中最重要的生育时期，大约需要 3 个月的时间。在生长盛期，营养生长和生殖生长同时并进，地上功能叶全部长成，地下块茎的重量已达总重量的 90%以上，气生块茎也基本长成。

（4）**收获期**：一般在 10 月中下旬，日照变短，气温下降，山药的茎叶遇霜变黄枯萎，零余子落下，地下部的吸收根也逐渐失去活力，细根基本枯萎，地下块茎的表皮也相当硬化，内含物已非常充实，隐芽保持休眠状态，此时即可进行一次性采收。试验证明，收获期对山药的质量均有显著影响。若同时追求产量和质量，相对而言，收获越晚越好。因此，山药的最佳收获期宜安排在 10 月下旬至 11 月下旬之间，尤其是 10 月底至 11 月初较合适，并应根据天气和劳力情况灵活调整。

49. 山药对环境条件有何要求？

山药性喜高温干燥，怕霜冻。10℃时块茎开始萌动，生长期间最适温为 25～28℃，块茎生长适温为 20～24℃，叶蔓遇霜冻枯死，地下块茎能耐－15℃的低温。生长前期较耐阴，但块茎积累养分时需要强光，短日照能促进块茎和零余子的形成。山药对水分的要求不严格，较耐干旱，但在萌芽期要求土壤湿润，在块茎迅速生长期不能缺水，以免影响产量。山药对土壤要求不严，山坡平地均可栽培，但以排水良好、肥沃疏松、保水力强、土层深厚的沙壤土最好。土层越深，块茎越大，产量越高。在稍黏重的土壤中，块茎虽短小，但组织致密，品质优良。山药的需肥量很大，但必须施用充分腐熟的有机肥，并与土壤拌匀，否则易产生烧根或分叉。块茎肥大期需要充足的磷、钾肥。据分析，每生产1 000千克山药，约需氮素 4.32 千克、磷 1.07 千克、钾 3.38 千克。

（二）山药高产栽培技术

50. 适合我国各地栽培的山药品种有哪些？

适合我国各地栽培的能形成地下肉质块茎的山药栽培品种如下：

（1）**普通山药**：又名家山药，为我国原产。叶片对生，茎圆无棱翼，叶脉 7～9 条突出。按块茎形状分为 3 个类型：

扁块种：块茎扁形，似脚掌，入土浅，适合浅土层及黏重土壤栽培。主要分布于南方，如江西、湖南、四川、贵州的脚板薯，浙江瑞安的甘薯等。

圆筒种：块茎短圆形或不规则团块状，长约15厘米，横断面直径10厘米。分布于南方，如浙江黄岩薯药、台湾圆薯等。

长柱种：块茎长30～100厘米，直径3～10厘米，入土深，适合深厚土层的沙壤土栽培。主要分布于华北地区，如山东的米山药、陕西的怀山药等。目前我国出口的山药品种大都为此品种。

(2) 田薯：又名大薯、柱薯等。茎具棱翼，叶柄短，叶脉多为7条，块茎甚大，有的重达40千克以上。主要分布在我国亚热带地区。按块茎形状也分为3个类型。

扁形种：块茎扁且有褶皱，分趾2～3瓣，耐寒力弱，形掌状。如广东葵薯、福建银杏薯、江西南城脚薯等。

圆筒种：块茎短圆柱形或不规则的团块状，如福建观音薯、广东早白薯、大白薯、台湾白圆薯、广西黎洞薯等。

长柱种：块茎长达 33～66 厘米，耐寒力较强，如福建的雪薯、台湾长白薯、长赤薯等。

根据科学研究和栽培实践，适合我国各产区栽培的优良品种有 20～30 个。

水山药：又名花籽山药、杂交山药、菜山药等，是江苏北部的特产，主产地江苏丰县、沛县，是从淮山药的变异株中选育出来的不结零余子的新品种。块茎圆柱形，长约 140～150 厘米，直径为 5～8 厘米。表皮黄褐色，皮薄而光滑，瘤稀，须根少而短，肉白色光鲜、质脆而有甜味。单株块茎重达 1.5～2.0 千克，最重者可达 6.8 千克，每亩可产块茎 3 000～5 000千克。该种没有气生块茎，只能用块茎繁殖。

嘉祥细毛长山药：主要产地系山东省嘉祥县，当地称为明豆子。茎紫绿色，长 3.5～4.5 米。叶片绿色，卵圆形，先端三角形。叶腋生气生块茎。地下块茎黄褐色，皮薄，有一块至多块红褐色斑痣，毛根细长，肉质细而面，味香甜适口，菜药兼用。棍棒状，长 80～110 厘米，直径

3～5 厘米，单株块茎重 400～1 000 克，一般每亩产块茎 1 500～2 000 千克。

济宁米山药：济宁米山药原为山东省济宁地区特产品种。该品种生长势中等，主蔓多分枝，长 2～3 米。叶腋间着生零余子较多。叶片较小，戟形，叶脉 7 条，基生叶互生，中上部叶对生或轮生。块茎圆柱形，长 80 厘米，直径 2～4 厘米。地下块茎短而细，表皮浅褐色。皮薄，瘤稀，须根少，肉白，黏质多。单株块茎重达 500～1 000 克。

农大短山药系列品种：农大短山药系列品种，是中国农业大学山药课题组从国内外引入的 27 个山药品种中，所选育出的一个新品种系列：农大短山药（菜药兼用型）1 号、农大短山药（菜用型）2 号、农大短山药（药用型）3 号等 3 个新品种。

农大短山药 1 号：其性状表现为块茎质硬，雪白，粉性足，药性好，黏液汁较多，烘烤后有枣香味。生、熟食、加工制药皆宜，尤其适合小孩和老人冬春两季作为补品食用。该品种植株生长势中等，茎蔓长 3～4 米，断面圆形，绿色。

基部叶片互生、较大，上部叶片对生，也有轮生的，叶脉 7 条，叶腋间着生零余子。块茎长棒形，直径为 3～4 厘米，长 35～45 厘米，单重 250～300 克，每亩产量为 1 200～1 800 千克，特别适合北方的黄棕壤以及石灰性土壤种植，病虫害极少。该品种需搭架栽培，掘沟浅于 50 厘米，省工，易于管理，非常适合山药高品质栽培。农大短山药 2 号与 3 号性状、栽培要求等基本同 1 号。

农大长山药系列品种：农大长山药系列品种是中国农业大学山药课题组经过多年系选试验所选育出的菜药兼用型山药新品种系列，包括农大长山药 1 号、2 号、3 号等 3 个新品种。农大长山药 1 号的性状表现为块茎质硬，雪白，粉性足，药性好，黏液汁较多，有甜药味。该品种植株生长势中等，茎蔓长 3～4 米，断面圆形，绿色。基部叶片互生、较大，上部叶片对生，也有轮生的。叶脉 7 条。块茎长棒形，直径为 4～5 厘米，长 75～80 厘米，单重 900～1 000 克，每亩产量为 2 500～3 000 千克，特别适合壤土种植，病虫害很少。该品种需搭架栽培，易于管理，高产优质，非常适合山药高品质栽培。农大长山药 2 号与 3 号性状、栽培要求等基本同 1 号。

汾阳山药：汾阳山药为山西省汾阳市冀村镇地方品种。其生长势强，茎蔓长 3.5～4.5 米，紫绿色，多分枝。基部叶片互生，心脏形，较小，中上部对生，间有轮生，绿色，叶脉 7 条。块茎扁圆柱形，直径 4～6 厘米，长 50～80 厘米，生长期为 60 天。块茎肉质极白，质脆，黏液多，带甜药味，品质优良，绵中带沙，药食兼用。一般每亩产量为 2 000 千克。

河南怀山药：原为河南省地方品种，在河南温县、博爱、沁阳和陕西华县等地种植较多。河南怀山药植株生长势强，茎蔓圆形、紫色、多分枝。叶片小，先端尖，基部戟形互生，中上部对生，叶腋间有零余子，叶脉 7 条。块茎圆柱形，直径 3～5 厘米，长 80～100 厘米，密生须根，肉白，质紧，粉足，稍带中药味，单株块茎重达 0.5～2.0 千克，每 667 米^2 产 1 500～2 500 千克。

51. 山药有哪些繁殖方法？

山药在长江流域及其以北地区只开花不结

籽，生产上常用无性繁殖材料播种，事先制备种薯，而种薯质量的好坏直接影响山药块茎的产量和质量。制备种薯进行繁殖的方法有 3种，即顶芽繁殖法、根茎切段繁殖法和零余子繁殖法。

顶芽繁殖法：也就是利用山药栽子制备种薯。山药栽子，也叫山药嘴子、山药尾子、尾栽子、芦头、龙头、凤尾等。因为它是山药块茎上端有芽的一节，包括山药嘴子、二勒及底肚三部分。山药嘴子上有隐芽，可萌发为植株，是山药栽子的主要部分。二勒为山药嘴的下边一节细长的部分，也叫栽子颈部或颈脖子、细脖子、长脖子等，约占山药栽子长度的1/2，大约 10～15 厘米。二勒部分愈细长，下面较粗的块茎部分愈需要留得长一些，长度应较二勒部分略长，二勒下边这一段较粗的部分，一般称底肚，也就是山药栽子的基部，长度约为 10～17 厘米，是山药栽子最多的部位。底肚留得愈长，长出的山药苗愈壮，产量也愈高。顶芽繁殖法的优点是可直播，发芽快，苗壮，产量高。缺点是一个山药栽子经栽培后下年只得一个栽子，每年不能增殖，面积不能扩大。如用此法连种 3～4 年，种性逐年退化，产量降低，因此，用山药栽子 1～2 年后必须更新播种材料。

切段繁殖法：为扩大栽培面积，提高繁殖系数，也可将底肚（肉质根茎）部分切段做种，称山药段子，促其产生不定芽，待出芽后栽植。山药段子出芽较晚，应催芽先播。山药切段后，为防止伤口感染病菌腐烂，可以用草木灰作断面消毒；也可用石灰粉消毒；还可用 40％的多菌灵 300 倍液浸种 15 分钟或 75％的超微代森锰锌 5 倍液浸种。无论用粉剂蘸种或药液浸种，均会使种薯断面向内凹陷，这是正常现象。

切段繁殖法其段子也有顶端生长优势，即邻近栽子顶芽的段子发芽较快，愈远发芽愈慢，因而尽可能切取茎端的薯块繁殖。

零余子繁殖法：零余子就是山药蔓的腋芽肥大而形成的珠芽，常呈不规则的圆形或肾脏形，小者如玉米粒，大者似拇指，数量很多。秋末成熟后摘收，可为繁殖的良种。零余子繁殖法虽也属于无性繁殖，但零余子属气生块茎，具有种子繁殖相似的特性，即能提高山药的生命力，防止退化，大幅度提高繁殖系数。用零余子繁殖用工少，占地极少，是山药生产上不可缺少的繁殖方法。其缺点是生长速度慢。

52. 山药有哪些栽培方法？

山药喜温，生长期很长，我国各地均为一年一茬。通常在中部和北部地区，终霜期出苗，初霜期拉秧。山药为蔓生作物，地上需搭立支架，行距较宽。山药忌连作，连作易造成土壤养分失调和病害加重。为解决重茬和充分利用土地的问题，宜3年轮作一次或采用与矮生作物间作或套作。如春季可间作马铃薯、瓜类和豆类。秋季套种白菜、萝卜等蔬菜。通常每块地只有1/3面积种山药（即三畦中山药只占一畦），在挖山药沟时特别注意逐年更换其位置，其作用与轮作相仿。

近年各地大力推广打洞栽培、套管栽培、窖式栽培、爬地栽培等进行大面积种植，使山药的轮作成为现实。

传统的栽培方式：在江淮地区与黄河流域传统的山药栽培都采用挖山药沟的特殊耕作方法，

即每隔 2 米挖一深度与山药产品器官的长度相仿，约 1 米、宽 0.3 米的深沟，挖土时表土与心土分两边堆放，经过日晒后，再择晴天填土。填土时要先填心土，后填表土，分层踩实。填土时应将土块打碎，并防止硬土块、石块、树根等坚硬杂物填入沟中。当土填至 80 厘米左右时将腐熟的有机肥与沟土拌匀施入沟两侧土层中，可防止山药块茎直接接触肥料而腐烂。

套管栽培：套管栽培就是将山药的根状块茎设法引入套管中的生产技术。其技术要点是根据不同品种的山药生长所能达到的长短和粗细，设计一种栽培用的套管，使用时事先将套管埋入栽培沟适当的深度，在山药根状块茎形成和伸长的初期，将其引入套管中生长。

套管栽培的优点是省工省时，减少病虫对块茎的危害，极大地提高产量和品质。缺点是套管成本很高，一般农民很难承受，大面积推广受到限制。

打洞栽培：山药打洞栽培技术适用于长山药栽培的品种，可用钻孔工具，在栽培沟内打出的洞要结实，洞壁要光滑。其优点是省工省力。山药块茎比较光滑平直，畸形薯块少，病虫害少，质韧，耐贮运，收获时块茎的破损率低。比传统栽培技术增产 30% 以上，且质量高，此项栽培技术推广潜力较大。

打洞栽培的技术要点如下：

一是打洞技术：打洞栽培山药对土壤类型要求不严，地势高燥，地下水位较低，排灌方便的田块均可。秋末或冬初施足基肥，每亩施用腐熟的厩肥 5 000 千克，耕翻整平后，在冬季至翌春农闲时打洞。打洞前，按行距 70 厘米放线，并在线上挖 6～8 厘米的浅沟，再用打洞工具在沟内按 25～30 厘米株距打洞。一般以洞径 8 厘米、洞深 100～150 厘米为宜，具体规格依选用山药品种的粗细和长度而定。若山药块茎较短，洞深可在 80 厘米左右，但最浅不要小于 60 厘米。

第二是定植方法：定植前需要催芽，催芽方法与常规栽培类同。定植是先用地膜覆盖在洞口上，四周用土压实，随即将种薯放在地膜上，并将芽对准洞口，以便块茎入洞生长。后用土培成宽 40 厘米、高 15～20 厘米的垄。结合培垄，每亩再施入饼肥 100 千克、尿素 10 千克、磷酸二铵 15 千克，并与土壤混合均匀。由于种薯具有向地性，一般不需要在地膜上划口破膜，山药块茎可自动钻破地膜进入洞中生长。

窖式栽培：窖式栽培是江苏省沛县农民创造的一项利用地窖栽培山药的新技术，适用于庭院栽培。其优点是一次种植，多次采收，一般可随时应市场需求采收块茎，从 8 月一直收到 10 月底，连续采收 2～3 年，产量高，品质好，经济效益很可观。其缺点是一次性投资大，费工废材料，难以应用于大面积生产，只适宜于山药零星栽培，同时人在窖内采收时有可能遇到塌窖及窖内毒气的危害。

爬地栽培：可利用双胞无架山药、扁山药等品种，播种出苗后茎蔓稍作调整，即可任其布满地面，爬地生长。其优点是无需搭架栽培，操作简便，省工省时，可避免风灾，降低投入的成本。有利于保持土壤适湿适温，增强山药的抗旱能力，保证稳产高产。

53. 大田栽培山药的技术要点有哪些？

整地施肥：采用常规技术栽培山药，宜选泽土质疏松、地势高燥、土层深厚肥沃、排灌方便、保肥保水性能良好、pH7.0 左右的砂质壤土。栽培地应冬耕晒垡，使土壤疏松。于翌年春季播种前施入基肥，每亩施入充分腐熟的厩肥、堆肥约 3 000～4 500 千克，将肥料施入浅土层中，有利于山药水平根吸收。山药入土很深，栽植前应开挖深沟，沟距 100 厘米，沟宽 20～30 厘米、沟深 60～100 厘米。栽植沟宜冬挖春填，挖土时表土与心土分两边堆放，经日晒风化后，再择晴天填土。填土时可随即混入充分腐熟的有机肥，先填心土，后填表土，并分层回填，分层踩实。

适时定植：山药的定植期因各地气候条件不同而有差异。一般要求地表地温稳定在 8～10℃后即可定植。只要地表不冻，力争早栽早发。春暖较早的地区，如闽南及两广可在 3 月定植，长江流域、四川在 3 月中、下旬至 4 月定植，华北大部分地区在 4 月中、下旬定植，东北地区一般在 5 月上旬定植。早定植可使山药根系发达，生长健壮，块茎产量增加。

定植方法：传统的定植方法是用锄头沿深沟的标记开浅沟，浅沟位于山药垄（畦）的中央，深 8～10 厘米，沟中浇足底水（沉沟水），将种薯纵向平放在沟中，以芽嘴为准均匀铺开，间隔 25 厘米左右。若是熟土，可适当缩小间隔，最小间隔可为 15 厘米。而后覆土填平轻踩，有利于生根发芽。

在东北地区，种薯经催芽、抗寒炼苗后幼芽长至 3～5 厘米，呈深紫绿色时，再进行定植，幼苗可部分露出土面，不必全部埋住。若提早定植，则扣上地膜为好，且缓苗快，成活率高，产量可提高 10%～30%。

在长江流域、广州等地种植山药前，还要在山药地周围深挖围沟，深 100 厘米，宽 60～80 厘米，并与外沟相通，确保雨季排水畅通，防止涝灾发生。

打洞栽培播种时，先用宽 20 厘米的地膜覆盖在洞口上（一般不需在洞口上破膜，山药块茎可自动钻破），随即将山药种薯上的芽对准洞口，以便新生山药块茎顺利入洞，最后培成宽 40 厘米、高 20 厘米的垄。结合培垄，在垄间施饼肥每亩 100 千克、尿素 10 千克、磷肥 50 千克、硫酸钾 15 千克作基肥，施后用铁锹深翻 30 厘米，并整平。

适量浇水：山药叶片正反面均有很厚的角质层，所以十分耐旱。一般在定植前浇一次透水后，定植覆土后不再浇水，一直到出苗后10天左右再浇第一水，以利根系下扎，增强抗旱力，并应根据土质和气候条件灵活掌握。基本原则是在沙壤土上栽培山药，浇水要少而勤，黏壤土保水性好，在满足山药正常生长的前提下，采用哪种方式浇水均可。山药生长前期要浇浅水，随着山药茎叶旺盛生长，需水量渐增，应及时调整浇水量，经常保持土壤见干见湿的状态。我国南方诸省湿涝多雨，注意排水防涝。有农谚："旱出扁，涝出圆"，即土壤过于干旱，所产的山药是扁的，若有良好的灌溉条件，所产的山药块茎是圆柱形的，产量和品质都好。

山药对水质的要求并不严格，河水、井水、湖水、雨水、自来水均可，但要保持水质清洁，工厂排出的污水等，绝不能作为灌溉用水。

合理施肥：山药的根系分布很浅，发生早，呈水平方向伸展，施用充分腐熟的堆厩肥等完全有机肥，多采用土面铺粪的办法，具有长期供给山药生长所需的各种养分，降低土温，保持墒情，增强土壤透气性，防除杂草等等方面的效果。也可采用分期追肥的方法，在山药地上茎长16～20厘米时、6月茎叶生长盛期和7月块茎大量积累养分时，分别各追肥1次，将腐熟的厩肥或饼肥或草木灰，在地面铺施一层即可，或沟施腐熟的人粪尿每亩700～1 000千克。茎叶旺盛生长期还可追施磷酸铵、硝磷酸铵、磷酸二氢钾等复合肥料，每亩15～20千克。块茎膨大期追施复合肥每亩20千克。山药忌用新鲜粪肥，施用肥料宜远离块茎，以免灼伤薯块。在山药地里间套作其他蔬菜，对间套作物的施肥，也有利于山药的生长。

科学搭架与整枝：山药茎长，纤细脆弱，易被风吹断，一般在苗高35厘米以上时，应早立支架。支架多用竹竿或结实的树枝搭成"人"字形，高1.5～2.0米。山药上架后应经常理蔓，按其茎左旋的特性，用手稍加扶引，使其均匀顺架盘旋而上。山药多数不整枝，以块茎繁殖的，每块茎应留强健幼苗1～2个，其余的及早摘除。出苗一个月后，要将主茎叶腋间侧枝剪去，以利透风透光，并防止与主茎争夺养分。夏季叶腋间生出的气生块茎，除留种者外，应及时全部摘除，以减少养分消耗，加强光合作用，促进块茎肥大。据试验，每亩产 400 千克以上，则会影响地下块茎的产量，一般每亩产量控制在 100～150 千克。

及时中耕除草：在山药生长过程中，杂草的生长也会很旺盛，为避免杂草争夺养分，应及时拔除。由于山药生长很快，中耕除草要在早期进行，并注意不要损伤根系和块茎。在大面积栽培山药的产区，于播种后出苗前，趁雨后墒情较好时，每亩用 48％氟乐灵乳油 150～200 克兑水 50千克，均匀喷洒土面，喷后浅耧，除草效果较好。

需要注意的是要根据杂草发生的种类，选择合适的除草剂，并控制用量和合适的喷洒时间，否则易对山药产生药害。特别是在进行有机山药栽培时，杜绝使用任何除草剂。

精细采收：山药块茎的收获时间很长，是收获期最长的食用农作物。可根据市场需求、气候条件、劳力状况、储存设备等情况，随时收获。

按收获集中时间的不同，一般可分为夏收、秋收和春收。收获时，要认真仔细，既要挖收干净，防止遗漏，又要使块茎完好无损，收尽收好。

山药块茎的收获，在霜降后，地上茎叶枯黄时即应开始。南方温暖地区，一直到春季出苗前均可采收。气生块茎可在地下块茎收获前一个月采收，也可在霜前自行脱落前采收。

一般采收的程序是应从沟的一端开始，按山药的长度先挖 60 厘米见方的深沟，人坐在沟沿，然后用特制的山药铲，沿着山药生长在地面上10 厘米处的两边侧根系，将根侧泥土铲出，一直铲到山药沟底见到块茎尖端为止，最后轻轻铲断其余细根，手握块茎的中上部，小心提出山药块茎。一定要精细铲土，避免块茎的伤损和折断。

（三）山药病虫害防治技术

54. 山药主要病虫害有哪些？

山药的主要病害有炭疽病、叶斑病、茎腐病、根结线虫病、根腐线虫病等，主要虫害有棉红蜘蛛、蛴螬、小地老虎、非洲蝼蛄、斜纹夜蛾、山药蜂等。

55. 如何诊断和防治山药炭疽病?

症状:主要危害叶片和茎。叶片病斑始自叶尖或叶缘,初为暗绿色水渍状小斑点,后逐渐扩大为褐色至黑褐色圆形至椭圆形或不定形大斑。斑中部褪为灰褐至灰白色,轮纹明显或不明显。湿度大时斑面现赭红色液点或小黑点,即病菌分生孢子盘。数个病斑常联合为大斑块,病部易破裂穿孔或病叶脱落。茎蔓染病后产生不定形褐斑,稍凹陷,导致茎蔓枯死。

发病条件:病原菌均以菌丝体和分生孢子盘在病株上或遗落在土壤中的病残体上越冬。以分生孢子进行初侵染和再侵染,借雨水溅射或小昆虫活动传播蔓延。温暖多雨的天气,田间湿度大是发病或流行的决定因素。施用氮肥过量可导致病情加重。

防治方法:一是减少越冬病原,山药收获后及时清扫残枝和杂草等,并集中烧埋,以减少越冬病原。二是更新架材,经常更新架材可减少架材上寄生的病原物。三是控制田间小气候,降低田间湿度,改善通风透光条件。四是药剂防治,若生产无公害蔬菜,可参照最新公布的农药使用标准，发病时，在条件允许的情况下，酌情使用70％代森锰锌 500～800 倍液，或 75％百菌清500～600 倍液，或 50％甲基托布津 700～800 倍液，并视病情轻重交替喷药 2～4 次。也可在发病初期，用 65％代森锌可湿性粉剂 500 倍液，或 50％多菌灵胶悬剂 800 倍液喷雾，间隔 8～10天，连续喷雾 2～3 次，雨后需重喷。

56. 如何诊断和防治山药叶斑病？

症状：叶斑病又称叶枯病、斑纹病、白涩病、薯蓣柱盘孢褐斑病等。主要危害叶片和茎蔓。植株下部叶片先发病，初生黄白色边缘不明显的病斑，后扩大，因受叶脉限制，呈不规则形或多角形，上无轮纹。发病后期病斑四周变褐微凸起。中间浅褐色，散生小黑点。严重的病斑融合，致使叶片穿孔或枯死。在叶柄和茎上，会长成圆形病斑。

发病条件：病菌以分生孢子座或菌丝在病残体上越冬，成为翌年初侵染源。发病后又产生分生孢子，遇有适宜温、湿度条件，经 1～2 天潜育，分生孢子即可萌发进行再侵染。该病一般于7 月中、下旬开始发生，8 月湿度大、多雨天气发病重，一直延续到收获。

防治方法：一是清洁田园，收获后及时清除病残体和杂草，集中深埋或烧毁，减少初侵染源。二是实行轮作，平衡施肥，提倡施用腐熟无菌的有机肥，不要偏施氮肥。三是采用架式栽培，尽量使用较高的架材，提高透风透光，降低温度和湿度。四是药剂防治，生产无公害蔬菜可酌情使用 50％的甲基托布津 500 倍液和 70％代森锰锌 800 倍液，交替喷雾，间隔 10 天左右，连喷 2～3 次，雨后要及时补喷。

57. 如何诊断和防治山药茎腐病?

症状：发病初期，地上茎部形成褐色不规则的斑点物。发病后期，病斑逐渐扩大成深褐色长圆形，病部有凹陷。严重时地下块茎干缩，并出现淡褐色丝状霉点。

发病条件：该病由真菌性半知菌引起。

防治方法：一是坚持轮作换茬，常发地或重病地避免连作。二是加强肥水管理，采用配方施肥技术，增施磷钾肥，不施未腐熟带病菌的肥料。做到高畦深沟，清污排水，防止积水，提高植株间的通风透光性能。三是药剂防治，播前用

50％的多菌灵 500 倍液浸泡种薯 30 分钟，晾干后再播种。发病初期用 50％的多菌灵 400～500 倍液，或 75％百菌清 600 倍液，或 95％敌克松 200～300 倍液灌根，间隔 15 天左右，连续灌根 2～3 次。

58. 如何诊断和防治山药根结线虫病？

症状：受害山药块茎表面呈暗褐色，无光泽，多呈畸形。在根结线虫侵入点附近肿胀凸起，并出现很多直径为 2～7 厘米的线虫根结，严重时根结联合在一处。山药根系受到根结线虫危害后，产生米粒大小的根结。山药根结线虫病能使整个山药植株生长势变弱，叶片变小，直至发黄脱落。

发病原因：山药根结线虫病由爪哇根结线虫、南方根结线虫和花生根结线虫引起。

防治方法：一是合理引种，从无病区调运种薯，并加强植株的检疫。二是加强田间管理，实行轮作换茬，收获后及时清除植株残体、杂草等。不施用未经腐熟的或带病菌的有机肥料。三是药剂防治，生产有机食品禁用人工合成的农药、化肥。生产无公害食品应参照有关标准，可

以使用部分农药。根结线虫采用土壤消毒，一般
可在播种前用 5% 克线磷颗粒剂，每亩 10 千克，
或 5% 灭克磷颗粒剂，每亩 6 千克进行混土消
毒，使药剂均匀地分布在深 30 厘米以内的土
层中。

59. 如何诊断和防治山药根腐线虫病？

症状：根腐线虫病在山药整个生长期内均可
发生。发病初期，危害山药种薯、幼根和幼茎；
发病后期则危害山药块茎。山药根系受害后，表
面出现水渍状暗黄色伤口，并逐渐变为黑褐色缢
缩点。山药块茎受害后，首先出现浅黄色的点状
物，而后扩展为圆形或不规则形病斑，斑内为黑
褐色海绵状物。

发病原因：由薯蓣短体线虫、穿刺短体线虫
和咖啡短体线虫引起。

防治方法：一是消灭病原，选用不带病原
的种薯，有条件时可实行温汤浸种，即将种薯
放在 52~54℃ 的温水中浸泡 10 分钟，并上下
搅动 2 次，使之受热均匀，达到杀灭线虫的目
的。二是合理轮作，山药可与玉米、小麦、白
菜、萝卜等作物换茬，经过 3 年轮作后，再在

原来的田块上种山药。三是药剂防治，可参阅根结线虫病。

60. 如何识别和防治棉红蜘蛛？

红蜘蛛又叫红叶螨、棉红叶螨、茄子红蜘蛛，俗称火龙、火蜘蛛、红砂等。属蛛形纲蜱螨目叶螨科。

危害症状：棉红蜘蛛为世界性的害虫，分布非常广泛，也是我国各地危害最普遍，发生最严重的虫害之一。棉红蜘蛛以幼螨、若虫和成螨在叶片背面主脉两边危害，拉丝结网，螨群潜伏在网下叮吸叶片汁液，初期叶片正面出现黄白色失绿的斑点，继而整个叶片变黄，再变红，并迅速脱落；或者整株叶片变黄、干枯，形成"烘架子"，俗称"火龙"。受害植株由下向上蔓延，干旱年份发生十分猖獗，严重影响蔬菜生产。

发生条件：高温干旱的天气最适于红蜘蛛的繁殖。红蜘蛛的发育起点温度为 7.7～8.8℃，最适温度为 29～31℃，最适相对湿度为 35％～55％。温度高于 34℃、湿度超过 70％时其繁殖受到抑制。降雨，尤其是暴雨可明显抑制其发生。在我国干旱的夏季发生严重。

棉红蜘蛛一年可发生 10～20 代，温暖的南方在 20 代以上，寒冷的东北地区一年约发生 12 代。在华北、东北地区以雌成螨群集在土缝、枯枝落叶及杂草根部越冬；在华中地区以各种虫态在杂草上和桑、槐等树皮缝隙处越冬；在四川主要以雌成螨在杂草和豌豆、蚕豆等作物上越冬。早春先在杂草上危害，卵在 10℃ 以上开始孵化，4 月下旬至 5 月上旬开始陆续潜入菜地危害。

一般菜地中杂草多，红蜘蛛的食材多，繁殖场合也多，发生愈重。蔬菜的老叶片受害最重。叶片中氮素含量高时，可增加其产卵量，故增施磷、钾肥，可有效减轻其危害。

防治方法：一是清洁田园，在早春和晚秋及时清除田间及地头的杂草，并深翻土地晒垡，消灭越冬害虫，减少春季害虫食物寄主和虫源，从而减轻危害。二是实行轮作换茬，茄子、大豆、玉米等作物是红蜘蛛的主要寄主，应避免与此类作物连作或套种，注意轮作换茬。三是利用红蜘蛛的天敌，进行生物防治。红蜘蛛的天敌很多，如草蛉、六点蓟马、小花蝽、小黑瓢虫等，增加其天敌的数量来限制红蜘蛛的发生。四是药剂防治，在发病初期，可使用20％螨卵酯乳油800倍液，或20％三氯杀螨砜可湿性粉剂800倍液，或35％杀螨特乳油1 000倍液，或75％克螨特乳油1 500倍液，或50％马拉松乳油500倍液，或35％伏杀磷乳油500倍液，或10％天王星乳油3 000倍液，或20％哒嗪硫磷乳油1 000倍液，或40％水胺硫磷乳油1 000倍液，使用上述药剂之一，或交替使用喷雾防治。

三、甘薯高产栽培技术

（一）概述

61. 甘薯生产发展前景如何？

甘薯为旋花科甘薯属植物。别名白薯、红薯、山芋、红芋、番薯、红苕、地瓜等，是世界七大作物。当年我国主要用于喂猪的甘薯，如今深受食客们的欢迎，铺就了薯农致富的"黄金路"。近年来，随着科技的发展，人们对甘薯的认识进一步提高，甘薯的用途已由单一的粮食作物转变为重要的饲料、能源和经济作物，特别是甘薯产后加工业的发展及新产品的不断开发，加快了甘薯新品种的选育、高效栽培技术研究及新品种示范推广进程。脱毒甘薯栽培技术的推广应用，使甘薯增产巨大，每亩高达 5 000～6 000 千克，经济效益增长显著。

（1）**甘薯是高产作物**：在我国，甘薯的栽培面积仅次于水稻、小麦、玉米，居第四位。甘薯根系吸收力、再生力强，耐旱、耐瘠、抗风、抗冰雹等自然灾害能力较强，所以，产量稳定，增产潜力很大。甘薯可进行春、夏栽培，春甘薯每亩产量可达 2 000～2 500 千克，高产田可达 5 000 千克。夏甘薯每亩产量可达 1 500～2 000 千克，高产田可达 3 000 千克以上。

（2）**甘薯的用途广泛**：甘薯是营养全面的保健食品：甘薯的营养价值高，富含淀粉、糖类、蛋白质、维生素、纤维素及各种氨基酸，是一种非常好的营养食品。淀粉含量占鲜重的 15％～26％，可溶性糖类占 3％左右。每 100 克鲜薯中含糖 29 克、蛋白质 2.3 克、脂肪 0.2 克、粗纤维 0.5 克、无机盐 0.9 克。每千克鲜薯含维生素 C 300 毫克、维生素 B_1 0.4 毫克、烟酸 5 毫克，各种维生素含量之高是其他粮食作物所不及的。米、面、肉类是生理酸性食物，而甘薯是生理碱性食品，适当吃些甘薯，可减轻人体代谢负担，有益人体健康。

甘薯茎顶端 15 厘米的鲜茎叶，其蛋白质、胡萝卜素、B 族维生素的含量均高于苋菜、莴苣、芥菜叶等，因此甘薯兼具粮食和蔬菜的功能。

甘薯是食品工业、轻工业和纺织业等工业的原料：近年来，利用甘薯作为原料的工业已遍及食品、化工、医疗、造纸等十余个门类。利用甘薯制成的产品达 400 多种。用甘薯淀粉可代替精粉浆纱，制造的甘氨酸甜味是蔗糖的 35 倍，可以取代糖精。以薯干为原料可提取赖氨酸等，生产乳糖、味精。用薯干淀粉经合成法可制造磷酸淀粉，制成的阳离子淀粉掺入纸浆中，可改善纸浆的物理性能，增强纸浆的拉力。甘薯还可用于制作酒精，甘薯淀粉制造葡萄糖、柠檬酸、饴糖等，甘薯渣还可制造天然色素，甘薯是重要的工业原料，广泛应用于化工、医药、纺织、染料等工业，由此看来，对甘薯的需求量也越来越大。

有很高的药用价值：近年来，国内外科学家研究发现，甘薯的抗癌作用排在众多食品之首，对癌细胞有明显的抑制作用，是很有前途的健康食品，消费量逐年增加。甘薯俗称"土人参"，有健身与防病之功效。不但对某些疾病有一定的疗效，而且也是一种保健食品。经常食用甘薯，可起到健身防病的作用，可减少因便秘引起的人体自身中毒，延缓人体衰老过程，有助于防治糖尿病，预防痔疮和大肠癌的发生。甘薯中含有多种维生素和氨基酸，可增强人体的抗病性。此外，甘薯还是美容食品，能使皮肤滋润、柔软，具有很好的美容功效。

为优良的饲料作物：甘薯是发展畜牧业的主要饲料。甘薯干茎叶中含有粗蛋白 0.2%；甘薯秧中粗脂肪的含量为 2.6%；鲜薯块中除含有 15%~20% 的淀粉外，还富含蛋白质、糖类及纤维素。薯块、茎叶或工业加工后的副产品，如淀粉、糖渣、酒糟等，通过简单的加工制成各种饲料，如青贮饲料、混合饲料、发酵饲料等，不仅能提高饲料的营养价值，而且还可延长饲料的供应期。

为培肥地力的先锋与间套作物：甘薯易生不定根，根系发达，吸收肥水的能力强，在其他作物不能生长的陡坡瘠薄的土地上，也能有较好的收成，因此在新垦地上可作先锋作物。利用甘薯、玉米、小麦间套作，可提高复种指数。在甘薯垄沟中套种豆科绿肥，能提高土壤肥力。利用新植茶园、幼龄果园套种甘薯，可以以长养短，护育幼林。栽植甘薯，无论从当年经济收入或熟化土壤，均有较好的效益。

（3）甘薯的市场前景很广：随着科技的发展，甘薯的综合开发利用将有很大突破。人们保健意识的增强，使国际、国内市场鲜食甘薯的消费量剧增。甘薯的茎叶是公认的绿色无污染蔬菜，在国内外被誉为"太空保健食品"。在许多发达国家，将甘薯茎叶作为优质蔬菜，称为"蔬菜皇后"。

不论是销售鲜薯还是搞深加工，甘薯的应用前景都十分广阔。由于甘薯的种类多，有淀粉加工型的、药用型的、饲用型的、色素型的等，种植不同类型的甘薯还要注意适宜的环境条件、当地甘薯加工业的发展状况等。

62. 种植叶用甘薯前景如何？

叶用甘薯又名长寿菜、番薯叶、白薯叶、地瓜叶、绿茸菜等，是甘薯的叶、叶柄和芽梢部。叶用甘薯病虫害少，很少使用农药，比其他叶菜类较抗暴风雨，生长迅速，为良好的夏季叶菜，种植前景十分看好。

63. 甘薯有哪些形态特征？

（1）**甘薯根的形态特征：**用种子繁殖时，实生苗先形成一条主根，是由胚根发育而成的种子根，以后在土壤中生出侧根。一般主根和部分侧根发育成块根。用营养器官繁殖时，自块根、薯苗、茎、叶柄至叶身发生的均属不定根。不定根幼嫩时白色，后由于内部分化，发育为 3 种不同的根，即须根、柴根和块根。

须根：形状细长又称纤维根，上有分枝和根毛，具吸收肥水的功能。

柴根：又称牛蒡根，由不良的土壤和气候条件形成，粗如手指，细长如鞭，徒耗养分，无利用价值。

块根：在适宜的生长条件下，经过组织分化和积储养分的过程发育为块根。块根多生长在5～25 厘米土层内，既是贮藏养分的器官，又是重要的繁殖器官，具有强烈的出芽特征。块根的形状可分为纺锤形、球形、圆筒形和块形；块根的皮色和肉色因品种而异。皮色由周皮中色素决定，有白、黄、淡黄、淡红、紫色、黑色等；肉色有白、黄、淡黄、杏黄、橘红或紫晕等。黄肉、红肉品种多含胡萝卜素，营养价值高。切片晒干，以薯肉白色或淡黄者为好，晒成的薯干洁白。

（2）**茎的形态特征**：茎通称蔓或藤，多数品种伏地生长，少数品种能半直立生长。茎和茎节可分为绿、绿带紫、紫、褐等。茎上有节，能发生分枝和不定根。

（3）**叶片的形态特征**：叶片在茎上呈螺旋状排列。叶片有叶柄、叶身，无托叶。叶形分为心脏形、肾形、三角形和掌状四种。叶缘可分为浅裂、深裂、单缺刻、复缺刻等。叶色为绿、绿带紫、紫、褐等数种。

（4）**花的形态特征**：甘薯是短日照植物，在我国广东、福建、台湾等省少数品种能开花。花生于叶腋和茎顶，单生或数朵至数十朵丛集成聚伞花序，花冠内 5 瓣联合成漏斗状，花色为淡红、紫色、白色。甘薯为异花授粉作物，自交结实率很低。

（5）**果实与种子的形态特征**：蒴果圆形或扁圆形。每果有种子 2～4 粒，多数 2 粒，种子褐色或黑色，直播出苗很慢且不整齐，可以采用破皮催芽播种。

64. 甘薯各生育期有何特点?

甘薯的生育期可分为发根缓苗期、分枝结薯期、茎叶并长期、薯块盛长期 4 个时期。

（1）**发根缓苗期**：从栽苗后发根形成吸收根系直至地上部分恢复生长为止，称发根缓苗期。一般春薯在栽后 30～35 天，夏薯在栽后 20 天，吸收根系基本形成。此期地上部分生长缓慢，根系生长快，吸收肥水的能力强，同时光照条件好，光合生产率较高。因此，单位面积中积累的光合产物较多，叶片肥厚，叶色浓绿，叶腋间的潜芽已萌动成腋芽，但尚未萌发成分枝。

（2）**分枝结薯期**：此期茎叶生长由慢到快，从分枝到封垄，从块根形成到块根数基本稳定。一般春薯在栽后 35～70 天，夏薯在栽后 20～40 天，短时间内达到分枝高峰。在正常情况下，茎叶已覆盖地面，粗幼根开始积累光合产物而形成块根。植株由营养生长转向营养生长与养分积累同时进行的时期。如果土壤肥力不足，长期不能封垄，会直接影响块根的产量。因此，必须加强肥水管理，促进早封垄，早结薯，是提高甘薯产量的关键。

（3）**茎叶盛长、块根膨大期**：从封垄到茎叶生长高峰，块根迅速膨大增粗。一般春薯在栽后70～100天，夏薯在栽后40～65天。此期分枝数增加很少，主要是加长，地上部生长很快，茎叶增重达最高峰。经过一段稳定时期，黄落叶增加较快，新老叶更新较多，以后茎叶增重出现负值，但块根增重加快，鲜薯可达最高薯重的50%。田间管理的重点是保持茎叶和块根生长的平衡性，使茎叶既不早衰，又不旺长，确保有较多的光合产物转运到块根，加速膨大，提高甘薯的产量。

（4）**茎叶衰退、块根充实期**：从茎叶生长高峰到收获期，块根增重迅速。春薯栽插后约100天，夏薯栽插后约70天之后。此期以养分积累为主，生长中心由地面转向地下，因此应加强田间肥水管理，延长茎叶的光合效能，防止早衰，以增加块根产量。

65. 甘薯对生态条件有何要求？

（1）**温度**：甘薯原产于热带，喜温暖忌霜冻，要求有 120 天无霜期，盛长期气温不低于 21℃，否则难以获得较高的产量。无论气温或土温，对甘薯均有重大影响，在 15～30℃ 的范围内，温度愈高，生长愈快。生长的最适温度为 25℃，超过 35℃ 生长缓慢，低于 15℃ 生长停滞，植株在 10℃ 以下会遭冷害而死亡。

（2）水分：适于甘薯生长的土壤水分一般为最大持水量的 60％～80％。研究证明，虽然每生产 1 千克鲜薯块需耗水 300～500 千克，比一般旱作物略少，但甘薯茎叶茂盛，营养体积较大，生长期较长，单产较高，田间耗水量绝对数却高于一般旱作物。

（3）光照：甘薯喜温喜光，属不耐阴作物。它所积累储存的营养物质基本上都来自光合作用。由于甘薯没有成熟期的界限，光照充足，有利于茎叶生长和薯块充实。因此，在栽培上选择向阳坡和适宜的垄向，改善光照条件，确保肥水平衡供应，促使叶面积稳定增长，最大限度地利用光能。若甘薯与高秆作物间作时，特别注意高秆作物不要过多过密，以加大甘薯地的受光面积，避免严重影响甘薯产量。

（4）**土壤**：甘薯对土壤的适应性强，耐酸碱性好，能够适应土壤 pH4.2～8.3，以土壤 pH 5～7 最为适宜。以土层深厚疏松，保水保肥性能良好的沙壤土为最佳。土壤透性好，能促进根系的呼吸作用，有利于块根肥大，结薯多，薯皮光滑色鲜，商品率高。

（5）**养分**：甘薯的块根富含碳水化合物，属于喜肥、喜钾作物，在生长过程中需要消耗较多的养分。据测定，生产 1 000 千克薯块，植株需从土壤中吸收氮 3.93 千克、磷 1.07 千克、钾 6.2 千克，氮磷钾三要素的比例为 1：0.4：2.9。

（二）甘薯高产栽培技术

66. 甘薯有哪些类型和品种？

（1）**类型**：根据《中国甘薯品种志》记载，甘薯的类型可按栽培季节和用途不同有两种分类方法。

按栽培季节分类：按栽培季节可分为春薯、夏薯、秋薯、冬薯和四季薯五类。

春薯：指适宜于在 4 月中旬至 5 月下旬栽插的品种。

夏薯：指适宜于在 6 月上旬至 7 月中旬栽插

的品种。

秋薯：指适宜于在7月上旬至8月上旬栽插的品种。

冬薯：指适宜于在当年11月栽插，次年4～5月收获的品种。

四季薯：指适宜于在一年四季均可栽种的品种。

按不同用途分类：按甘薯不同用途可分为食用型、饲用型和工业原料型三类：

食用型：食用型又按食用部位不同分为薯用型和叶用型两类。

薯用型：薯形美观、食味好、胡萝卜素和可溶性糖含量高，以红心为主。鲜薯中可溶性糖含量高于3%。食味香甜，薯型美观，加工品质好。近年在食用型的甘薯中培育成功的、深受广州、上海等地消费者喜爱的小型甘薯或称迷你甘薯一类，薯块重50～150克，质地细腻，风味较浓，适于微波炉烘烤或整薯蒸煮。

叶用型：适口性好，粗纤维含量低，蔓短，分枝多，嫩梢柔嫩，无茸毛，腋芽再生能力强。

饲用型：是指以甘薯块根、茎叶作为牲畜饲

料为主要用途的甘薯品种。甘薯块根生物产量高，茎叶干物质中蛋白质含量高于 15％，适口性好，消化率高；植株生长茂盛，再生能力强，适应性广，抗病性强等。

工业原料型：是以牲畜薯干及甘薯淀粉作工业原料为主要用途的甘薯，薯干产量高，淀粉粒大，以白肉品种为主。

（2）品种：目前我国各地常用甘薯品种有：徐薯 18、徐薯 43-14、遗 306、宁薯 1 号、宁薯 2 号、南京 92、烟薯 27、豫薯 7 号、南薯 28、绵薯 6 号金玉（原名 1257）、心香、浙薯 6025、浙薯 78、良缘（原名 AIS）、台湾水果甘薯 TN69、叶用甘薯泉薯 830、福薯 7-6、食 20、富国菜、鲁薯 7 号、莱薯号等。

徐薯 18：由江苏省徐州地区农业科学研究所于 1972 年从新大紫×华北 52-45 的杂交后代中选育而成，是我国自育品种推广面积最大的品种，1982 年获国家发明一等奖，是食、饲、工业原料兼用型品种。

该品种顶叶和叶片均为绿色，叶片心脏形至浅复缺刻，大小中等，叶脉、脉基部均为紫色，茎绿带紫。蔓长中等，分枝较多。薯块长纺锤形，薯皮紫红色，薯肉白色。薯块萌芽性好，出苗多，生长势强，苗期生长快，中期稳长，后期不早衰。结薯早，薯块整齐集中，上薯率高，一般每亩产薯块 2 000～4 000 千克。薯块烘干率为 28.1%，薯干淀粉含量为 66.5%，可溶性糖 8.83%，粗蛋白 4.72%，食味中等。耐旱、耐瘠、耐湿性强、适应性广。高抗根瘤病，较抗蔓割病，对黑斑病和茎线虫病抗性较差。

遗 306：由中国科学院遗传研究所从南丰×徐薯 18 的杂交后代中选育而成，1994 年获中国科学院科技进步一等奖，是工业用兼食用甘薯新品种。

该品种顶叶和叶片均为绿色，叶片心脏形，中等大小，叶脉为紫色，叶柄绿色，茎色绿带紫。蔓较长，粗细中等，分枝较多。薯块长纺锤形，薯皮紫红色，薯肉白色。薯块萌芽性好，结薯集中。薯块烘干率为 33%，薯干淀粉含量为 26.3%，可溶性糖 3.34%，粗蛋白 1.84%，食味干、面、甜带香味。耐旱、耐瘠、耐贮藏。抗黑斑病，适合在山坡、丘陵地区种植。种植密度春薯每亩3 000～4 000株，夏薯4 600株。在肥水条件较好的地块，应采用大高垄栽培，适当控制肥水，防止茎叶徒长。

67. 甘薯繁殖方法有几种?

甘薯各部分再生力很强，除用种子繁殖外，块根、茎、叶等营养器官均可供繁殖用。其繁殖方法分为有性繁殖和无性繁殖两种。由于甘薯遗传性很复杂，有性繁殖的实生苗后代会出现复杂的分离现象，性状极不一致，难以保存品种特性，产量不稳。因此，除选育新品种外，在生产中难以直接使用。甘薯的无性繁殖方法有以下几种:

薯块繁殖:薯块繁殖又可分为薯块育苗和薯块直播两种。

薯块育苗:利用薯块萌芽培育出新苗，剪取新苗栽插于大田或将薯苗假植于采苗圃中，再剪苗栽插。由于块根贮存养分和潜伏很多不定芽，在良好的条件下能获得大量健壮的薯苗。

薯块直播繁殖:即用小型薯块直播于大

田，一种是用小薯块进行浅播，经过培育，使母薯自身膨大。另一种是控制母薯膨大，利用母薯上的不定根肥大成子薯，生产上又称"窝瓜下蛋"。

茎蔓繁殖：利用大田生长的茎蔓直接栽插于大田繁殖或育成新苗后栽插于大田。

茎叶繁殖：用不带柄的叶片、带柄叶片或连同单节茎蔓的叶片栽插繁殖，又称插叶法。此法可作为培育无病良种和加速良种繁殖时应用。

68. 甘薯育苗方式有几种？

甘薯在大田生产中主要采用薯块育苗的繁殖方法，很好地完成育苗任务，是适时早栽，合理密植，实现良种化以及大面积均衡增产的重要保证。甘薯育苗具体要求是苗早、苗足、苗壮。苗早才能适时早栽，争取有较长的生长时期，提高产量；苗足是完成栽植面积和合理密植的保证；苗壮更是全苗壮株的基础。做到以上三点，才能满足大田生产的要求。

育苗方法：一般应根据当地的气候条件，耕作制度，育苗的物质基础和技术水平而定。从热源来看，可以分为人工加温育苗和太阳能育苗。

人工加温育苗又可分为火炕育苗、电热育苗、酿热温床育苗。太阳能育苗有冷床育苗、露地育苗等。

近年来，由于育苗技术的改革和提高，各地创造出许多适于当地应用的新型育苗技术。各地常用的育苗方法如下：

酿热温床育苗：酿热加温是应用细菌、真菌、放线菌等好气性微生物的活动所产生的热量。好气性微生物活动的强弱与所需的空气、水分、养分有关。如碳素是微生物活动的能源，氮素是微生物活动的营养。碳氮之间又有一定比率，一般以 20～30 为好。常用的地温酿热物有牛粪、猪粪、稻草、麦秸等，常用的高温酿热物有马粪、米糠、油粕、纺织屑、垃圾等。如碳氮比率不当时，可加入粪尿或干牛粪调节。一般常用 30％的高温酿热物加 70％的低温酿热物配合使用。

酿热温床的床址应选择背风向阳、地势高燥、排水良好和管理方便处，一般床长 4.0～6.6 米、宽 1.3 米、深 0.4～0.5 米。凡地下水位低、排水良好的地方，可建地下式温床，以利保温；反之，应建地上式温床，白天用玻璃或塑料薄膜覆盖，集热保温，晚上加盖草苫，草苫上再盖芦帘或塑料布防雨。

塑料薄膜育苗：温床只用塑料薄膜小拱棚保温育苗，利用薄膜吸收和保存太阳热能提高床温。它比露地苗床可提高温度5～8℃，剪苗期提早7～10天，出苗量增加20%～30%。

露地育苗：利用自然温度培育薯苗，按66厘米行距开沟排种，或穴栽盖土育苗。该方法简易，省工省料，管理方便，薯苗健壮。但用种量大，发芽出苗缓慢，苗数少，成苗迟，病害重，多在温暖季节或温暖地区采用。露地育苗分平畦和高畦两种。

高温催芽：结合小拱棚育苗，先将种薯置室内高温催芽，再移入塑料棚内育苗。一般长4米、宽3米、高2米的加温催芽室内，一次可装种薯2 500～3 000千克。催芽室加温的方法可以在地面垒火道3～5条，在火道上面30～50厘米处搭三层催芽架催芽，如有条件，也可用电热加温线加温育苗。

苗床排种方法：

种薯用量：一般每千平方米用种量 112.5 千克，约需苗床面积 3.3～4.4 米^2。如高温育苗结合以苗繁苗，则每千平方米只需种薯 22.5～30千克。用种量的多少还与种薯大小有关，种薯愈大，单块产量愈多，折合每千克种薯产苗量愈小。虽然大薯块薯苗栽插后的产量最高，但从产苗量、节约用种和大面积壮苗早栽等方面综合考虑，则以 0.15～0.25 千克的薯块做种较为适宜。

种薯选择与消毒：应选择具有本品种特性、皮色鲜艳、生命力强、大小适中的健康种薯，严格剔除带病、皮色发暗、受过冷害或热害或损伤、失水过多的薯块。

种薯消毒可以杀死附在薯块上的黑斑病菌孢子。常用的方法有温水浸种和药剂浸种两种。温水浸种是用 50～54℃ 的温水浸 10～12 分钟，杀菌效果显著。采用露地育苗方法或已经受轻微冻害的种薯不宜温水浸种。浸种时要严格掌握水温和时间，种薯初下温水时要不断上下翻动，使其受热均匀。药剂浸种是用 50％ 托布津可湿性粉剂 200 倍液，或 50％ 代森铵稀释 200～300 倍液，或 50％ 多菌灵粉剂 500 倍液，或抗菌剂四

○二稀释1 000～2 000倍液等，可任择其一，浸种10分钟。

排种时间和方法：排种过早，薯苗长成后大田不能栽插，易形成老苗，影响下一茬幼苗生长。排种过迟，不能适时早栽，出现地等苗的现象。一般露地育苗在土温14℃以上时即可排种。加温育苗虽不受气温限制，但应在栽插前15天左右排种，南方地区春薯加温育苗一般在2月下旬至3月上中旬排种。

排种密度：排种过密，薯苗细弱；排种过稀，虽单薯出苗数多，成苗粗壮，但苗床利用不经济。如为加速良种繁育，种薯可横卧、平铺、密度稀。加温育苗时，为充分利用苗床，排种应密，可采用直排或斜排方式。直排的种苗密度最大，但种苗拥挤，幼苗细弱。一般以前后薯尾略为相压的斜排方式为好。排种时薯头向上，尾部向下，阳面在上，阴面在下。大小薯分开排放，大薯深排，小薯浅排，做到上齐下不齐，用细土填满种薯孔隙，浇施清粪水，再覆土，覆土厚度应一致，以利出苗整齐。

苗床管理：排种至齐苗阶段应以促为主，床

内相对湿度保持 35％左右，床温应保持在 32～35℃为宜，尤其是初期，35℃高温既能促进薯块萌芽，又能抑制黑斑病为害。齐苗至剪苗阶段是培育壮苗时期，仍以催为主，催中有炼。床内相对湿度以 70％～80％、床温以 24～28℃为宜，是幼苗在较低的温度与湿度下稳健生长。待苗高 23～24 厘米，具有 6～7 个节时，应转入以炼为主，停止浇水，在不低于 16℃的范围内降低床温，充分见光，经 3 天炼苗后可剪苗栽插。剪苗后，为防止伤口感染，当天不浇水，待伤口愈合后再浇水施肥，促使小苗再长，以利剪二茬薯苗。苗床管理仍需进行松土、培土、除草、治虫、拔除病株等工作。

采苗圃：为节省种薯，防止病害，加速繁殖，提高出苗量，确保夏薯有足量薯苗供应，在温床中剪取中早期育出的健壮薯苗，栽插到精耕细作的苗圃里，加强管理，取得以苗繁苗的目的。如管理较好，每亩采苗圃可供 15～30 亩大田用苗。一般田块每亩栽 3 500～4 000 株，早插的肥田宜稀，栽 2 500～3 500 株，晚栽的夏薯宜密，栽 4 000～4 500 株。

69. 如何整地施肥？

深耕：甘薯根系及块根生长要求土层深厚疏松，深耕结合改土和增施有机肥，增产效果显著。结构良好和肥沃的黏壤土，可耕深些；瘠薄或持水力差的沙土，要结合施有机肥，在原耕作层的基础上逐年加深。

垄作：除少数地区因土层太浅，沙性太大或雨水偏少，易受干旱威胁，需作平畦外，一般都采用垄作。其优点是便于排灌，有利于防渍抗旱，增加土层，扩大根系和块根活动范围。垄作甘薯生长健壮，蔓长，分枝多，叶片多，块根产量较平畦高23%。垄的高低、宽窄和方向，应根据土质、地势和气候条件而定。保水力强的黏土、地下水位高的平地作垄，应高而窄；保水力差的砂质土，雨水少的山岭、坡地及旱地，作垄宜宽不宜高。可根据不同的栽培条件，采取小垄单行、大垄双行、大垄单行等形式。

小垄单行：在地势高、水肥条件比较差的地方较多应用。垄距70～80厘米，高20～25厘米，株距15～20厘米，每垄插苗单行。此法植株分布比较均匀，茎叶封垄较早，但因薯垄低小，抗旱、抗涝能力较差。

大垄双行：长江流域许多地方改小垄为高垄双行密植。一般垄距90～120厘米，垄高30～40厘米，株距25～30厘米，垄上插双行薯苗。密度依品种要求而定，每亩4 000株左右。该方式适于土质较好，土层较松的平地或在无霜期较短的北方，经多点试验表明，可增产一成以上。增产的原因是雨后高垄双行比小垄单行表土含水量低30%，干旱时10厘米土层高垄双行又比小垄单行含水量高13.5%，同时，由于垄面较宽，交叉插双行，有利于密植。

大垄单行：垄距100～120厘米，垄高30～35厘米，株距适当缩小到20～25厘米。由于垄高沟深，便于排灌，使结薯土层保持通气良好，在易涝多雨年份，增产效果比小垄单行好。在生长期长，灌水次数多的情况下，以采取大垄单行密植为好。

合理施基肥：据分析，每生产100千克薯块需氮3.5千克、磷1.75千克、钾5.5千克，其比例约为2：1：3。甘薯吸收钾素最多，施用钾肥增产效果显著。甘薯施肥以基肥为主，应占70%～80%，宜深施条施有机肥，追肥为辅。一般每亩产鲜薯1 500～2 000千克，需施腐熟农家肥2 500～3 500千克；每亩产鲜薯2 500～3 500千克，需施腐熟农家肥5 000～7 500千克；每亩产鲜薯4 000～5 000千克，需施土杂肥9 000～13 000千克，同时施入过磷酸钙25～40千克、草木灰100～150千克。

70. 甘薯栽插技术有哪些？

栽插时间：适时早栽是甘薯增产的重要环节。早插能延长生长期，一般土温稳定在18℃以上时，为春薯栽插适期。南方夏、秋、冬薯区，夏薯一般在5月间栽插，秋薯一般在7月上旬至8月上旬栽插，冬薯一般在11月栽插。

栽插密度：水肥条件好的地块宜稀，水肥差的地块宜密；生育期长的宜稀，短的宜密；早栽的宜稀，迟栽的宜密；长蔓品种宜稀，短蔓品种宜密；平插法宜稀，直插、斜插、船形插宜密。一般生育期长的春、夏薯每亩栽3 000～5 000株；生育期短的春、夏薯每亩栽4 000～6 000株；越冬薯栽4 000～5 000株。

薯苗选择与消毒：最好选择无病毒的顶部苗，为防止薯苗带病，可采用药剂浸苗消毒。预防黑斑病，可用50%多菌灵可湿性粉剂1 000～2 000倍液或50%硫菌灵可湿性粉剂500～700倍液，浸苗基部6～10厘米10分钟，药液可连续使用10次左右。预防茎线虫病可用50%辛硫磷乳油200～300倍液浸苗基部30分钟，因辛硫磷在自然光照条件下4小时失效，故须在室内浸苗。不论何种薯苗，从顶端第一片展开叶算起，以4～5节位前后最好，将4～5节前后的叶节栽至适于结薯的土层，是栽插应掌握的关键技术。

栽插方法：

直插法：薯苗较短，仅15～18厘米，3～4个节，将2～3个节直插入土中，深约10厘米左右，1～2个节留在土外。由于插苗较深，能吸收下层水肥，提高耐旱、耐瘠能力，缓苗快，成活率高，结薯集中，大薯率高，便于机械收获。但由于薯苗入土节数不多，单株结薯数少。

斜插法：一般采用20～25厘米的秧苗3～4节斜插于垄土中，苗尖露出表土2～3节。斜插既抗旱，又易成活，适于水肥条件中等、比较干旱的地区或山坡地或沙土地应用。此法单株结薯薯梢多，靠近地面的节上结薯较大，下部节上结薯小，甚至不结薯，薯块大小不匀，但较直插薯数多而大，总薯数、总薯量均多，能获得高产。

水平插法：薯苗长 21～25 厘米，栽插时先顺垄向开浅沟将薯苗水平放入沟中 3～5 个节，盖土压紧后外露苗梢 2～3 个节，叶片多数也在土外。由于插苗较浅，入土节位都处在良好的土壤环境中，各节大都能生根结薯，很少空节，结薯多，膨大快，大小均匀，产量高，适于肥水充足，多雨湿润地区或水浇地应用。水平插法入土浅，抗旱性差，用苗量大，费工。如遇高温干旱，土壤瘠薄等不良环境条件，保苗较困难，易出现缺苗断垄，营养失调，小薯率高而影响产量。

船形插法：把薯苗中部向下弯曲压入土中，入土部分呈船形，苗尖和各节叶片外露。由于入土节数较多，多数节位接近土表，有利于结薯，但薯苗中部入土深的部位结薯少而小。此法宜在土壤肥沃、无干旱威胁的地区采用。

压藤法：将去顶的薯苗全部压在土中，而薯

叶露出地表，盖土压实后浇水。由于插前去尖，破坏了顶端优势，可使插蔓腋芽早发，节节萌芽分枝，生根结薯，茎叶繁茂，薯多薯大，且不易徒长，但抗旱性差，费工。小面积种植或夏薯栽植采用此法。

三叶抗旱栽插法：为了提高抗旱能力，江苏徐州地区创造了三叶抗旱栽插法。不论用何种薯苗，从顶端第一片展开叶算起，以 4～5 节位前后最好，将 4～5 节前后的叶节栽至适于结薯的土层，一般以外露 2 个节，3～4 片叶和苗尖，其余叶片埋入窝内为好，是三叶抗旱栽插法应掌握的关键技术。栽后要浇满窝水，待窝水渗下后，施入少许毒饵防治地下害虫，再施少量苗肥后封窝，并用窝外干细土覆盖。封土时薯苗露头部分必须保持直立。这种栽插法地面留叶少，可避免叶面蒸腾失水，对外留三叶和苗尖保护作用显著。因此，发根早而多，根系入土深，明显提高了薯苗的成活率。

71. 甘薯田间管理的关键技术有哪些？

甘薯田间管理应根据不同生长期及外界条件的要求，结合栽插期、品种及水肥条件，因时、因地、因苗正确采用田间管理措施，协调好地下和地上的生长，以获得稳产高产。

（1）**查苗补苗**：甘薯栽插后因干旱、弱苗、病虫或栽插技术欠佳等原因造成缺苗断垄，必须及时查苗、补苗，确保苗全苗壮。查苗补苗宜在栽插后 10～15 天内完成。若补苗过迟，会形成弱苗小株，降低产量。补苗时应选壮苗，浇透水，待水渗下后再覆土，力争补一株活一株。活棵后及时追施"偏心肥"，使小苗快发，及早赶上大苗。或栽插时在田头栽些备用苗，发现缺株时将备用苗带土移栽，活棵较快。

（2）**中耕、除草和培土**：为了防止杂草丛生，甘薯栽苗后最好立刻喷洒除草剂，一般每亩用 50％乙草胺乳油 100 毫升兑水 50 千克，均匀喷雾，或等秧苗成活而杂草只长出 3～4 片真叶时，每亩用 20％稀禾啶乳油 65～100 毫升兑水 50 千克均匀喷雾。若杂草太多，可结合中耕再进行二次人工除草。中耕时间多在栽插后十余天至封垄前进行，间隔 10～15 天，连续除草 2～3 次。中耕深度由深到浅，株旁宜浅锄，垄脚宜深锄。中耕后经雨水冲刷会使垄土下塌，需及时重新壅土培垄。培土有利于根系伸展，并可防止漏薯变质和病虫危害。通常中耕、除草、培土三者结合进行。但培土过高、过宽，会降低地温和透气性，不利于薯块膨大。培土要注意垄面少培土，以不漏薯块和根系为宜。

（3）适时追肥：

①苗肥：如果基肥不足或未腐熟的有机肥分解缓慢时，于发根缓苗阶段及时追施提苗肥，可促进根系发育和幼苗生长。苗肥要早施，一般在栽后 15 天左右团棵期前后进行，以速效氮肥为主。生产有机食品和绿色食品禁用人粪尿，每亩追施腐熟厩肥粪水 750～100 千克；生产无公害蔬菜允许限量施用化肥，每亩穴施尿素 2.5～5 千克。注意肥地不追，弱苗偏追，小株多追，大株少施，促使全田植株均衡生长。如基肥不足，距薯苗根部 15 厘米左右适时条施复合肥。

②壮株结薯肥：在分枝结薯阶段，及时追肥壮株，促使茎叶速长和块根形成，多结薯。追施结薯肥一般在栽插后 20～30 天，土壤肥力差的还可提前。肥料种类与用量视植株长势

而定。长势强的以磷、钾肥为主，长势弱的以氮肥为主，每亩施用尿素 7.5～10 千克或腐熟的厩肥粪水1 000千克。丰产田基肥充足或施用苗肥较多者可以不施，只施用钾肥，有利于块根膨大。

③长薯肥：或称为催薯肥，一般在栽插后40～50 天内追施，许多产薯区习惯与状株结薯肥一并施用。在多雨地区，将破垄、晒白与施夹边肥相结合，也是中耕、除草、追肥、培土相结合的综合管理措施。

④后期根外追肥：在收获前 40～50 天进行根外追肥，会有一定的增产效果。可用 2%～3%的过磷酸钙，1%的硫酸钾或 5%～10%的草木灰过滤液，每亩喷洒 75～100 千克，间隔 10 天左右，连喷 2～3 次。长势弱的地块，还可喷施 1%～2%的尿素液，对延缓功能叶片衰老有一定作用。

（4）灌溉与排水：甘薯的抗旱能力较强，但过于干旱，也会影响茎叶生长和块根膨大。水分过多，会引起茎叶徒长，对块根生长更为不利。多雨地区或低洼易涝的地块，应做到深沟高垄，开好排水沟。干旱时应小水浇灌,水面不超过垄面的 1/3,也可隔垄浇灌,随灌随排,并及时松土。在茎蔓正常生长的情况下,晴天叶片萎蔫后恢复缓慢时,说明植株已受到干旱影响,应及时灌溉。在生产实践中常用控制水分的方法来控制茎叶徒长。

(5) 茎蔓管理:

①摘心:摘心管理能控制茎蔓徒长,促进分枝,使株型分散,改善群体受光面积,增加光合效能。一般长蔓薯种、肥沃土壤或多雨潮湿时应及时摘心。短蔓种、瘠薄地或易旱坡地等,摘心会影响产量。丰产栽培一般在栽插后 15 天,当主蔓长 50~60 厘米时摘心,促使侧枝生长。以后间隔 10 天左右连续进行多次,促使早分枝、多分枝,藤头大,结大薯,既能控制徒长,又能使长蔓型变成短蔓型,叶片挺直,避免茎叶相互遮阳,增强光合产物的积累和转运。但要注意,摘心后应配合浇水施肥,起到促控结合的目的。摘心也应根据苗情,因苗、因地制宜,控制好适当的次数和程度。

②提蔓断根,不翻蔓:在高温多雨季节,

土壤湿度过大，某些品种扎根过多，或高产田肥水过大，白根扎得多而深。提蔓可以减少供叶水分和养分，控制茎叶徒长，同时可以晾晒垄土，改善土壤通透性。但伏旱地区或生长后期不能翻蔓或提蔓，以免损伤茎叶，搅乱叶片的均匀分布，影响叶片的光合效能，造成减产。

72. 甘薯收获时应注意哪些事项？

一是适时收获：甘薯收获过早，缩短薯块积累物质的时间，产量和出干率降低；收获过迟，由于气温、地温低于临界温度，对提高产量作用不大，反而降低品质，易遭冷害，不耐贮藏。薯块生长的临界温度为15℃，低于15℃几乎停止生长。温度降至0℃以下，时间略长就要受冷害。一般应在气温降至15℃时开始收获，严霜前收完。

二是收获次序：收获时必须从产量、留种、贮藏、加工等各方面考虑。先收春薯，后收夏薯和秋薯；先收种薯，后收食用薯；先收晒干薯，后收贮藏薯；先收长势好的，后收长势差的；先收背阴坡，后收向阳坡。

（三）甘薯病虫害防治技术

73. 甘薯病虫害有哪些综合防治技术要点？

依照"预防为主，综合防治"的植保方针，坚持"以农业防治、物理防治、生物防治为主，化学防治为辅"的无公害化治理原则。

（1）**农业防治**：针对主要病虫控制对象，因地制宜选用抗（耐）病优良品种，建立无病留种地（包括大田栽植）。选用不带病毒、病菌、虫卵的健康种薯育苗，用健苗栽植。选择健康的土壤，实行轮作倒茬，宜种在3年内未种过甘薯的生茬地上。施用净肥与灌溉净水，以预防病害。适时、仔细收获，防止薯块受损和冻害。贮藏时保持窖温在 11～14℃，不低于 9℃，采取大屋窖高温处理等措施，防止甘薯软腐病的发生。

必须对农具、肥料、水源等栽培设施进行严格管控，实施测土配方施肥新技术，适时适量施用化肥，增施充分腐熟的无公害有机肥，促进甘薯植株健康生长，抑制病虫害的发生。

加强田间管理，起垄种植，合理密植，适时中耕、除草、培土和清洁田园等，尽可能阻断病虫源的侵染。在育苗、田间管理、贮藏过程中，

发现病薯、病株残体等，应立即清除并远离深埋
或烧毁，防止病害蔓延。

建立病虫害预报系统，以防为主，尽量不用
或少用农药，根据病情适时适量用药。

(2) 生物防治： 利用 16 000 国际单位/克苏
云金杆菌可湿性粉剂 500～1 000 倍液，每亩用
量 60～75 升，叶片喷雾，防治鳞翅目幼虫。利
用 0.38％苦参碱乳油 300～500 倍液防治蚜虫、
金针虫、地老虎、蛴螬等地下害虫。利用白僵菌
防治蛴螬等，每亩用量 2 千克，穴施后封土，严
防日晒。

(3) 物理防治： 严禁调运病薯、病苗，发现
甘薯茎线虫病、根腐病、黑斑病、薯瘟病、蔓割
病等病薯、病苗，立即处理，绝对不允许栽植到
田间。

74. 如何诊断和防治甘薯黑斑病？

甘薯黑斑病又称黑疤病、黑疔、黑膏药等，
属真菌病害，是造成苗床期死苗、大田生长期死
秧、贮藏期烂薯的主要病害。

发病症状：主要危害甘薯地下部分的根系、
薯块和茎基部，一般不危害地上部分。薯苗受

害，初为须根根尖发黑，茎基部产生黑褐色圆形或菱形凹陷小黑斑。温湿度适宜时，病斑上长出鼠黑色霉层（分生孢子）和黑色刺毛状物（子囊壳）。后病斑逐渐扩大，严重时薯苗尚未出土，形成黑根而死亡，造成缺苗断垄。且出苗数少，病苗数多。薯块受害，病斑多发生在伤口、裂口及自然孔口。初为黑色小圆斑，逐渐发展成圆形或不规则形凹陷的黑绿色病疤。病疤上初生灰色霉状物，即菌丝和分生孢子，后期病部可深达薯肉 2～3 厘米。切开病薯，病斑下层组织呈浅褐色或黑色，薯肉变苦，不能食用。人、畜食后会中毒，特别是牛、羊最敏感。病薯入窖贮藏，在适宜的条件下，病菌迅速繁殖，甚至全窖腐烂（或与其他病害并发，造成全窖腐烂），称烂窖。

发病原因：甘薯黑斑病是真菌病害。该病随种薯、种苗调运而远距离传播。在苗期、大田生长期和贮藏过程中均会传播，已列为国内检疫对象。一般地势低洼、土壤黏重的重茬地易发病；大田期地下害虫多，病情重；结薯后期多雨，生理开裂多，病情也会加重；贮藏期窖温高，湿度大，通风不良时发病重。

生产有机食品的防治方法：对照有机食品2003 年《OFDC 有机认证标准》，可以使用下列措施：

一是严格实施检疫措施。

二是建立无病种苗地，选择两年以上没有栽过甘薯的无病地块，自采苗圃剪取无病蔓扦插、留种。

三是种薯消毒处理。种薯可采用 51～54℃温水浸种 10 分钟。

四是清除田间和苗床的病薯、病菌，防止通过各种渠道污染肥料和薯苗。

生产绿色食品的防治方法：除可采用有机食品的防治方法以外，对照国家标准不使用禁用的农药，对允许使用的部分农药，应控制其用量、浓度、次数及使用时间，其产品中农药的残留量约束在规定范围内。过去在甘薯种薯种苗上防治黑斑病的农药，对照有关规定（有关规定及国家标准经常会修改补充，应对照最新的规定或标准）使用。防治甘薯种薯种苗黑斑病有效的药品及浓度分述如下：

一是 50％代森铵 200～300 倍液。

二是抗菌剂四〇一 200 倍液。

三是抗菌剂四〇二 1 500 倍液。

四是 50％甲基托布津和 25％多菌灵 500～1 000倍液。

以上药剂在种薯消毒时使用，浸种 10 分钟即可。种苗消毒在使用时药剂同上，但浓度应提高 1 倍左右。

75. 如何诊断和防治甘薯茎线虫病？

甘薯茎线虫病俗称糠腐茎线虫病、糠心病、花瓢、空梆病、空心病、糠裂皮等，也是苗期烂床的病害之一，是甘薯的一种毁灭性病害。不仅能在田间为害，而且还能造成贮藏时烂窖。品种间抗病性有明显差异。

发病症状：茎线虫病主要为害薯块，也可为害薯苗、薯蔓基部及粗根，不为害叶片和细根。幼苗发病轻的不易和健苗区别，发病重时在表皮上着生褐色晕斑，秧苗发育不良，矮小发黄。薯苗病部多发生在近地面或地下茎部，表皮呈乌青色，纵剖茎基部可见褐色空隙，内部糠心到顶。也有外表无明显变色，但内部糠心。薯蔓病症多在主蔓和地下茎部（拐子）产生黄褐色龟裂块斑，严重时可向上扩展，直达顶端，内部褐色，糠心也可达顶端。同时地上部叶黄蔓短，生长迟缓，甚至主蔓枯死。薯块因感染来源不同，症状也不同。可分为糠心型、裂皮型及混合型 3 种。糠心型为病秧传染，线虫由染病茎蔓中的线虫向下侵入块根顶部。初期秧基及块根纵剖面出现棉絮状白色糠道，有的由于感染杂菌变成褐白色或黑褐色相间糠腐。有的内部虽已糠空，但外表无明显变化，只是重量减轻。裂皮型为土壤传染。线虫自土壤中直接用吻针刺破外表皮，侵入薯块为害。初期外皮褪色后变青，稍凹陷或有小裂口，皮下组织变褐干糠，不流浆。以后感染杂菌，入侵处呈现一块块褐色病斑，出现龟裂小口，皮层下失水，发干呈粉状，最先侵入处呈现褐白色相间的糠腐，最后糠腐部位逐渐扩大，外皮呈现大龟裂和暗褐色晕片或呈水肿状。在两个传染方式都具备的情况下，后期严重发作时，便成为两种症状分不清的混合型。

生产有机食品的防治方法：有机食品禁止使用化学农药，可以采用下列方法：

加强检疫，严禁病种薯、病苗调运。选用抗病品种，如 78066、84169、85003、泰薯 2 号、济薯 11 号、鲁薯 3 号、南薯 88 号、烟薯 6 号、浙江 6 号和徐薯 11-252 等。

实行轮作。选用大葱、洋葱、韭菜等葱蒜类蔬菜做前作，可以减少线虫病的危害。也可与茭白、水稻等水生作物实行水旱轮作，以减少线虫病。

土壤物理消毒。土壤耕翻晒白或冻垡后作畦做垄栽植。棚室栽培时可采用高温闷棚的方法，即棚室内土壤经耕翻、灌水、盖薄膜后将棚室门窗关闭闷棚 10～15 天，用高温高湿的方法杀死土壤中的线虫或其他有害的病虫。

生产绿色食品的防治方法：除采用有机食品的防治方法以外，在化学防治上可以采用下列方法：

药剂土壤消毒。按当前有关规定，用来线虫病防治的常用药剂甲基异柳磷已禁止使用。除此之外，能够防治线虫病的药剂及亩用量是：80％二溴乙烷 2.5 千克兑水 30～40 倍，或 98％棉隆微粒剂在沙土上使用 5～6 千克，在黏土上使用

6～7千克，或20%丙线磷（盖舒宝）颗粒剂2～6千克，或10%克线磷（力满库）颗粒剂4～5千克。这些药剂在甘薯栽植前15天开沟，均匀地施入沟底，随即覆土踏实，15天后起垄栽植。

薯苗药剂消毒。50%辛硫磷兑水100～300倍，浸薯苗下部6～9厘米处10～30分钟，可杀死薯苗内茎线虫。

药剂防治需对照绿色食品农药使用标准，并应参照最新版本的标准。

76. 如何诊断和防治甘薯瘟病？

甘薯瘟病又称细菌性萎蔫病，俗称枯萎病、青枯病、薯瘟、烂头、硬尸薯、发瘟、失苗等，是一种毁灭性病害，被列为国内植物检疫对象。一般发病田产量损失20%～30%，重病田达70%～80%，个别严重田块甚至绝收。山地旱地发病轻，平地、洼地发病重，黏重的水稻田比疏松的沙壤土发病重，微酸性的土壤发病重。连作地、与茄科作物轮作的地块发病重。秋薯比冬薯发病重，轻病地在灌水后病情蔓延很快。

发病症状：在苗期和成株期发生，主要危害茎、叶片和薯块。发病初期叶片呈褐色，失去光泽并萎蔫下垂，但不发黄。严重时青枯死亡。大田生长期病苗栽后不发根，几天后死亡。健苗栽后蔓长 30 厘米左右时，病原从伤口侵入，叶片暗淡无光，中午萎蔫。茎基和入土部分，特别在有伤口的地方，呈黄褐色或黑褐色水渍状，最后全部腐烂，有臭味，茎内有时有乳白色浆液。根部受害后根尖先腐烂，后脱落变褐发黑。早期感病的植株一般不结薯或结少量根薯，后期感病根本不结薯。感病轻的薯块症状不明显。中度感病的薯块，病菌已侵入薯肉，蒸煮不烂，已失去食用价值，被称为"硬尸薯"。感病重者薯皮产生片状黑褐色水渍状病斑，薯肉为黄褐色。后期病薯全部腐烂，有脓液状白色或淡黄色菌液，带有刺鼻臭味。

按照有机食品与绿色食品标准，应采取以下防治方法：

一是严格执行检疫措施。

二是及时清洁田园，处理病残组织。

三是轮作，实行一年以上水旱轮作，旱地与

禾本科或豆科作物轮作，勿与茄科、旋花科蔬菜轮作。

四是选用抗病品种，如华北 48、湘农黄皮、新大紫、紫心 18、台农 46、64-111、高农选 3、漳浦 1 号、广薯 16、广薯 709 等。

五是秋薯留种，培育无病壮苗。在净种、净肥、净土的"三净"原则下，剪无病薯苗，大力繁殖秋薯，提高种性，防止抗病品种退化。

77. 如何诊断和防治甘薯根腐病？

甘薯根腐病又称烂根病，是近年新发生的一种毁灭性病害。

发病症状：染病植株首先根尖发黑，向上扩展，使整个须根变黑腐烂，扩展至地下茎部产生黑褐色斑。轻病株生长停滞，入秋后气温下降，薯蔓可继续生长，并有现蕾开花现象。地下部发生新根，但多数不能结薯，少数结小薯块。小薯块表皮组织粗糙龟裂，有黑褐色圆形或椭圆形黑斑，皮下组织变黑，但无苦味。严重时染病组织较松，病株短小，节间缩短，叶片发黄或发紫皱缩，增厚变脆，自上而下脱落，生育停滞，地上部分干枯死亡，造成大面积缺苗甚至绝收。

生产有机食品的防治方法：主要是选用耐病品种，如徐薯 18、济薯 2 号、烟薯 3 号、丰薯 1 号、海发 5 号、一窝红、新大紫、蜜瓜、宁薯 1 号、南京 92、郑红 4 号等。同时适时浇水，减轻病情。

生产绿色食品的防治方法：目前初步认为代森铵和二溴氯丙烷有一定防治效果，使用时应对照最近公布的农药使用标准，避免农药残留量超标。

78. 如何识别和防治甘薯象鼻虫？

甘薯象鼻虫又称甘薯蚁象、甘薯小象虫、红娘子、沙虱、沙辣子等，是甘薯主要害虫之一。从甘薯幼苗到收获，象鼻虫幼虫和成虫均能为害甘薯。甘薯象鼻虫的成虫形似蚁，体长 5～9 毫米，头部延伸成细长的吻，呈象鼻状。成虫啃食甘薯的嫩芽梢、茎蔓与叶柄的皮层，并咬食块根成许多小孔，严重地影响甘薯的生长发育和薯块的产量和质量。幼虫钻蛀匿居于块根或薯蔓内，不但能抑制块薯的发育膨大，且其排泄物充塞于潜道中，助长病菌侵染腐烂霉变，变黑发臭，人和家畜均不能食用。

生产有机食品的防治方法：

一是严格执行检疫措施。

二是因地制宜实行轮作，尤其是水旱轮作。及时清除田间虫害的薯块、薯蔓残体。

三是栽植无害虫的种苗，及时中耕培土，合理灌溉与排水，防止地表开裂和薯块裸露。

生产绿色食品的防治方法：

一是疫区发现带虫种苗时，用溴甲烷熏蒸，控制温度在 22～27℃密闭 24 小时。

二是田间发现甘薯象鼻虫危害时，用 40％乐果乳油 800～1 000 倍液喷雾，间隔 15 天，连喷 2～3 次。即可有效地杀灭成虫。在早春或南方初冬，用小鲜薯或鲜薯块或新鲜茎蔓置于50％杀螟松乳油 500 倍液中浸 14～23 小时，取出晾干，埋入事先挖好的小坑内，上面盖草，每亩 50～60 个，间隔 5 天换 1 次。

79. 如何识别和防治甘薯天蛾？

甘薯天蛾又名旋花天蛾、虾壳天蛾。幼虫俗称猪仔虫、甘薯豆虫。幼虫体形大，食量也大，危害严重，多数局部发生，大面积猖獗发生危害不多见。幼虫轻度发生时会造成叶片缺刻，重度发生时会吃光全部叶片，影响植株生长发育。

生产有机食品的防治方法：人工扑杀幼虫，灯光诱杀成虫。冬耕时随犁拣拾越冬蛹。

生产绿色食品的防治方法：在幼虫期喷撒黏虫散、2.5％敌百虫粉剂或喷洒80％敌敌畏乳油1 500倍液，或青虫菌、杀螟杆菌300倍液。

80. 如何识别和防治甘薯麦蛾？

甘薯麦蛾又名甘薯卷叶蛾，俗称苞叶虫、结叶虫，属鳞翅目麦蛾科，是全国性分布的害虫，在大发生时，薯叶几被卷食殆尽，严重影响甘薯生长和产量。甘薯麦蛾以幼虫吐丝卷叶，在卷叶内取食叶肉，留下白色表皮，状似薄膜。幼虫除为害叶片外，尚能为害嫩茎和嫩梢。发生严重时，叶片大量卷缀，整个呈现"火烧现象"。

生产有机食品的防治方法：收薯后，将田间断茎残叶和杂草收集堆沤烧毁，冬季所贮干茎叶在3月之前处理完毕。4～5月间，清除苗床及薯田周围旋花科植物，以减少野生寄主和蜜源植物，降低虫口基数。5～6月间，幼虫处于零星发生时期，可用手捏除卷叶虫苞。幼虫盛发期摘除虫害卷叶，杀死幼虫。8～9 月间，结合田间管理，可将薯田灌水漫至地面保持 36～48 小时，使土壤中的蛹窒息死亡。

生产绿色食品的防治方法：于幼虫初发期，喷洒 80％晶体敌百虫 800～1 000 倍液，或 50％马拉硫磷 1 000 倍液，或 25％亚胺硫磷 300～400 倍液，或 50％杀螟松 1 000 倍液，均有较好的防治效果。

81. 如何识别和防治甘薯地下害虫？

甘薯地下害虫主要有蝼蛄、蛴螬、地老虎等。在甘薯块根迅速膨大期间，每 7～8 天根部淋施一次 40～50 倍茶橘水溶液，连续淋施 2～3 次，每次每平方米淋 10～15 千克。把麦麸等饵料炒香，每亩用饵料 4～5 千克，加入 90％敌百虫的 30 倍液 150 毫升左右，再加入适量的水拌匀成毒饵，于傍晚撒于苗圃地面，施毒饵前先灌水，保持地面湿润，效果更好。生长期间被害，可选用 50％辛硫磷乳油 2 000 倍液拌匀浇灌，每亩用 6％四聚乙醛颗粒剂 0.5 千克拌细土撒施，效果也很好。

四、毛芋高产栽培技术

（一）概述

82. 芋的栽培及分布情况如何？

芋，别名芋头、芋艿、毛芋、土芝等，古名蹲鸱、芋魁，以地下球茎或叶柄为食用器官，属天南星科芋属多年生宿根草本植物，多作一年生栽培。芋原产于中国、印度、马来半岛等热带沼泽地区，世界各地均有分布，但以中国及太平洋诸岛国栽培最多，是全世界近 1% 人口的主食，在全世界消费最大的蔬菜中排名第 14 位；在太平洋地区，芋头和世界其他地区的谷物一样重要。

由于芋喜高温湿润，因此，我国芋的栽培多分布于南方及长江流域，如海南、福建、广西、云南、四川、江西、江苏等省份都有较大面积的栽培，近几年北方栽培面积也日趋扩大，如山东省就有较大面积的栽培。

在现代社会中，芋作为一种营养保健食品已经进入国际市场，愈来愈受到消费者的青睐。根据联合国粮农组织（FAO）统计资料，2014年全球芋的生产总面积约为143.2万公顷，其中非洲占72.2％以上，亚洲占22.5％，中国栽培面积9.6万公顷。由此可见，芋仍是一些地区的重要农作物。

83. 芋的营养价值及用途如何？

芋的营养价值：芋头的食用部分为地下球茎，富含各种营养成分。据测定，蛋白质含量，母芋干为14.0％、子芋干为13.5％、孙芋干为13％；淀粉含量，母芋干为41.8％、子芋干为43.9％、孙芋干为38.7％；干物质占鲜重的20％以上。另外还含有粗纤维、蔗糖（黏液汁）及各种矿物质和维生素等。

芋的食用方法很多，既可作主食，又可作蔬菜，具有较高的营养价值，用途广泛。在我国大部分地区以芋为主粮，鲜芋洗净煮熟后即可直接食用。可去皮后切片、切丝，做成细泥粉后佐餐；可炒食或与肉、鸡等烧煮。如广西的荔浦芋扣肉罐头就远销国外。此外，有些芋的叶柄也能做菜食用，为叶柄用芋，又称之为菜芋。芋的茎叶可作饲料。

芋的药用价值：芋头是一种常用的中药材，芋头的球茎、叶片、叶柄和花均可加工入药。其味甘性辛、平、滑，具有调理脾胃、消疬散结、解毒止痛、益中气的功效。芋头含有一种黏液蛋白，可被人体吸收而产生免疫球蛋白，提高肌体的抵抗能力，可抑制消解人体的痈肿毒痛、癌毒等毒素，具有解毒的功效，同时对肿瘤及淋巴结核等病症也具有一定的防治功效。

芋头的工业用途：以芋为工业原料进行深加工的产品，是传统产品中的一枝新秀。芋头富含淀粉，且淀粉粒细小，提取芋头淀粉在工业上具有重要的经济价值。如芋头淀粉可作化妆品中的增白剂、照相纸的粉末和药片的赋形剂，可作肉制品的添加剂，还可用作酿造、生产乳化剂、稳定剂、物理或化学变性淀粉的原料，广泛应用于食品工业。将芋头开发成芋头乳（加脱脂奶）、芋丸、芋汁（加蔬菜汁）等产品，既能满足人们的身体健康需求，又符合国家膳食结构调整发展方向，开发前景和市场空间十分广阔。把芋头去皮、漂烫、包装、速冻或加工成芋仔、芋片后，可进入国际市场。

84. 芋的植物学形态特征有哪些？

（1）**根的形态特征**：根为弦状，白色须状肉质，着生在球茎下部节位上。根系发育旺盛，但根毛少，肉质不定根上的侧根代替根毛的作用，吸收能力较强。根系主要分布在球茎周围 50 厘米的土壤中，土壤肥沃、疏松，根长可达 100 厘米以上。母芋功能根一般长 20～60 厘米，每个子芋的根长 10～16 厘米。根系数量中期多，前后期少。根系的作用是吸收水分和养分。一般而言，根系大，芋球茎产量高；根系小，产量低。一般芋根分布较浅，易受旱，在栽培上应注意选择排灌良好的田块种植。

（2）**茎的形态特征**：芋的茎分为球茎和根状茎。真正的茎缩短形成地下球茎。球茎呈圆、椭圆、卵圆或圆筒形，白色或紫色。球茎节上有棕色鳞片毛，为叶鞘残迹。球茎节上有腋芽，能形成侧球茎，有的品种可形成匍匐茎，匍匐茎顶端可膨大成球茎。球茎顶芽生长成新株后，随着叶子的繁茂生长而肥大，节上的腋芽可萌发成小芋，播种时的球茎称为母芋，萌发的小芋称为子芋，以此类推可形成孙芋、曾孙芋、玄孙芋等。

生产上芋均以球茎作为繁殖器官，称为种芋。种芋通过冬天贮存打破休眠期，在适宜的温度、湿度、光照等条件下，便开始萌发，至第一片真叶展开约需 30 天。

(3) 叶片的形态特征：芋头的叶片互生于茎基部，1/2 叶序。叶片盾状，卵形或略呈箭头形，先端渐尖。叶表面有密集的乳突，保蓄空气，形成气垫，使水滴形成圆珠，不会沾湿叶面。叶柄直立或开展，下部膨大成鞘、抱茎，中部有槽，叶柄呈绿、红、紫黑色，常作为品种命名的依据。叶片和叶柄组织形成大量气腔，木质部不发达，叶片脆弱，叶柄长而中空，易受风害。

(4) 花的形态特征：花为佛焰花序，单生，短于叶柄，花柄色与叶柄色基本相关，管部长卵形，檐部披针形或椭圆形，展开呈舟状，边缘内卷，淡黄色或绿白色。肉穗花序长约 10 厘米，短于佛焰苞，自上而下可分为 4 个部分，即附属器、雄花序、中质花序和雌花序，其中中质花序与附属器为不育部分，自花受粉，一般不结籽。在我国只有南方的芋才能开花，而其他地区的芋不能开花。

(5) 果实的形态特征： 芋的果实为浆果，用果实繁殖，植株发芽率低，长势弱，变异较大，当年不能形成肥大的球茎，一般不做生产用种，而只做育种材料。在我国常见能开花结果的品种有福建紫蹄芋、福建北部红芽芋等。

85. 芋头各生长发育周期有哪些特点？

芋头的生育周期没有明显的界线，全国各地划分标准也不尽相同，根据芋头产区生产管理经验，可以大体划分为以下几个时期：

(1) 发芽期： 芋种休眠结束后便开始萌动，从播种出土后到第一片叶平展为发芽期。第一片叶展开 1/3 时，即开始进行光合作用，但制造的养分很少，这一时期所需营养主要来源于种芋。发芽期的田间管理主要是提高温度，培育壮苗。华北地区在 3 月上旬开始育苗，多采用改良阳畦或拱棚育苗。

(2) 幼苗期： 从第一片叶平展到第四片叶展开为幼苗期，菜农称之为"蹲苗期"。第一片叶平展后开始向大田定植。山东一般在 3 月下旬，这一时期气温和地温都很低，生长较为缓慢。地下部种芋逐渐缩小，储存的养分消耗完毕，种芋顶端膨大形成母芋。母芋上有 6～8 个轮环，每个轮环上有一个侧芽，以后可能发育成子芋。这一时期田间管理的重点是提高地温，消除杂草和增加划锄次数，促进根系发育和幼苗健壮。

(3) 发棵与球茎形成期：第四片叶展开后进入旺盛生长期，叶片数迅速增加，叶面积急剧扩大，球茎急速膨大，其重量与日俱增，是形成产量的重要时期。"四叶平"是生产的转折点，第五片叶生长特别快。在栽培措施上应以除草、追肥、培土、浇水相配套，为球茎的膨大创造适宜的条件。

86. 芋头对环境条件有哪些要求?

(1) 对温度的要求：芋头原产于高温多湿地区，属性喜高温湿润植物。高温多湿有利于芋的生长发育和球茎的形成，而高温干旱会使叶片枯死。不同品种对温度的要求和适宜范围有所不同，魁芋类对温度要求严格，并要求有较长的生长季节，球茎才能充分生长，因此多产于南方高温多湿地区。多子芋则能适应较低温度，所以长江黄河流域及其他地区以多子芋种植为主。

芋头的生育期不同，其对温度的要求也不同。芋发芽的最低温度为 10℃，多头芋的最适温度为 13～15℃，多子芋 12～13℃。幼苗期芋生长发育的最适温度为 20～25℃，发棵期的适宜温度为 25～35℃，到球茎形成期最适温度白天为 27～30℃，夜间 18～22℃。

种芋在温度较低时顶芽基部首先发根，然后长芽。在温度较高时，种芋则先长芽后发根。因此，提早栽种在发芽前可有较大根系，能获得壮苗，为芋发棵壮苗奠定基础。无霜期短的地区和前茬未收获地块，可用人工保护法育苗，设立阳畦、温床、温室等密排催芽育苗，温度保持在 15～22℃，待芽长 4～5 厘米时，可适时起苗定植于大田。

(2) 对光照的要求：芋头较耐阴，对光照要求不太严格，在散射光下仍能生长。但光的强度、组成以及光照时间对芋的影响都较大，较强光照有利于芋的生长发育和产量、质量的提高。

芋头的光饱和点在 5 万勒克斯左右。在栽培上，温度、光照、湿度合理搭配，才能有利于地上部生长和地下部产品器官的形成。光照强时，温度相应升高，而湿度随之降低，有利于光合产物的积累。光照弱时，应适当降低温度，同时湿度相应增高，降低呼吸作用，有利于芋的代谢平衡。光的组成对芋的生长发育有很大影响。在红光和黄光下，芋的叶片较小，叶柄长而细；在蓝紫光下，则叶片大而厚，叶柄粗而短。

芋头为短日照植物，即较短的日照时间有利于球茎的形成，但从生产上来看，并不希望植株很小即遇到短日照，而在营养生长期要求有较长的日照和较高的温度，以促进叶面积的增加，形成强大的同化系统，为日后球茎在短日照下的膨大打下坚实的物质基础。

（3）对水分的要求：芋头喜湿，其一生都需要有充足的水分，但对水分的要求非常严格。无论是水芋还是旱芋都喜欢湿润的环境条件。旱芋是通过水芋进化而来，是自然选择和人工长期选育的结果。水芋可以在水中生长发育，旱芋也必须在湿润的土壤中才能正常生长发育，但不可长期淹水。

(4) **对土壤条件的要求**：芋头的适应性较广，对土壤质地要求不是很严格。宜选择地势平坦、保水保肥能力强、排灌便捷、土层深厚、疏松肥沃、富含有机质的壤土或沙壤土为好，且含水量较高，生产出的芋头表面光滑，商品性好，产量高。黏重壤土生产的芋头，淀粉含量低，水分多，表面粗糙，商品性差，不耐贮藏。一般要求土壤有机质含量1%以上、碱解氮60毫克/千克、有效磷10毫克/千克、速效钾80毫克/千克以上的高肥力地块。

芋头对土壤酸碱度要求也不很严格，pH 4.1～9.1都能正常生长，最适 pH5.5～7.0。土壤过酸或过碱会破坏土壤团粒结构，不利于球茎的形成。

水芋一般在水田、低洼地进行水沟栽培，旱芋虽然可以生长在旱地，但仍宜种植在潮湿的地带，且由于芋头的叶片、叶柄木质化程度较差，易受风害，因此宜选避风处栽培。

(5) **对矿质养分的要求**：芋头是喜肥作物，耐肥力较强，但不耐瘠薄。因芋头的根为肉质须根，根毛很少，吸收能力差，生长期需肥较多，因此，栽培芋头时必须多施腐熟的有机肥，还应多次追肥，若发现缺素症状要及时进行根外追肥。前期以氮肥为主，促使地上部速长，形成一定的叶面积，为球茎形成奠定物质基础。在旺盛生长期可追施优质有机肥，并增施磷、钾肥，促进球茎快速膨大和积累更多的淀粉。生长后期，宜控制氮肥施用量，防止地上部茎叶徒长、延迟成熟、降低产量和品质。芋头为喜钾作物，需钾肥最多，氮肥次之，磷肥最少，氮磷钾的比例为2：1：5。芋头对营养元素的吸收量大，且要求全面，故应根据不同生育期的需肥规律和土壤供肥特性，进行测土配方施肥。

87. 如何诊断和防治芋头各种缺素症？

（1）缺氮：

①缺氮症状：芋头出苗后缺氮时，植株生长缓慢、矮小，叶片小，叶色淡绿。生长中后期严重缺氮时，通常植株生长势弱，且先从老叶开始变成黄色，逐渐向上部叶片扩展，老叶先枯黄脱落，整株易早衰，球茎小，产量低。

②防治措施：播种前施足基肥，以腐熟的有机肥为主，并配施适量氮磷钾复合肥。生长前、

中期，结合浇水或追肥以速效氮肥为主，后期可喷施浓度为 0.3%～0.5% 的尿素或 0.3%～0.5% 的磷酸铵。

(2) 缺磷：

①缺磷症状：初期缺磷，植株生长缓慢，叶色为暗绿色或灰绿色，无光泽。中后期缺磷严重时，先从老叶开始，叶片枯死脱落，植株早衰。

②防治措施：播种前基肥要施足腐熟的有机肥，并混合施用氮磷钾复合肥或过磷酸钙。芋头生长中后期适当追施速效磷肥，并适时喷施 0.3%～0.5% 的磷酸二氢钾。

(3) 缺钾：

①缺钾症状：缺钾的症状先从老叶开始发生，叶尖和叶缘发黄，逐渐变褐，随后叶片上出现黄褐色斑点，继续发展可连接成斑块，但叶脉仍保持绿色。严重缺钾时幼叶也会出现同样症状，最后叶脉也会枯死，叶片脱落，植株早衰，球茎分蘖少，产量和质量均大幅度下降。

②防治措施：播种前基肥在施足腐熟有机肥的同时，增施高钾型氮磷钾复合肥或硫酸钾，在芋头生长中后期及时追施固体或液体高钾型氮磷

钾复合肥，同时喷施 0.3％～0.5％的磷酸二氢钾
或 3％～5％硫酸钾或 3％～5％草木灰浸出液。

（4）缺钙：

①缺钙症状：当芋头缺钙时，首先分生组织
生长受阻，因此，缺钙症状先见于生长点和幼
叶，新叶的叶脉间黄白色，心叶向内弯曲，继而
枯死。中后期严重缺钙时，叶片变形或失绿，并
下垂。叶柄弯曲，叶缘出现坏死斑点，但老叶仍
保持绿色。

②防治措施：一般播种前基肥适量施入过磷
酸钙或钙镁磷肥等石灰肥料，防止幼苗期缺钙。
中后期及时追施石灰肥料，但不宜做种肥与种子
直接接触。

（5）缺镁：

①缺镁症状：芋头缺镁的症状一般先从下部
叶片开始，由于叶绿素不能合成，叶片褪绿黄
化，并逐渐向上扩展。褪绿先从叶缘处发生，继
续向主脉和第二道叶脉之间的叶肉扩展，继而叶
脉间变褐枯死。严重缺镁时，植株矮小，致使光
合作用无法进行，碳水化合物代谢受阻，酶的活
性降低，球茎中淀粉含量减少。

②防治措施：目前常用的镁肥有：硫酸镁、硝酸镁、氯化镁、磷酸镁、磷酸镁铵、白云石粉、蛇纹石粉、光卤石粉等。可做基肥、追肥，特别是石粉类镁肥，以作基肥最好，追肥采用人工合成镁肥，肥效较好。如播种前土壤中每亩施入钙镁磷肥或硼镁肥 4～7 千克作基肥。生长中后期及时喷施 0.1％的硫酸镁，防治效果较佳。

(6) 缺硫：

①缺硫症状：芋头缺硫时首先是幼芽黄化或嫩叶褪绿，随后黄化症状逐渐向老叶扩展，导致全株黄化。茎秆细弱，根细长而不分叉。芋头一般不会缺硫。若芋头的前茬是十字花科、豆科或禾本科，土壤可能缺硫。还有东北、西北等干旱地区改良碱土，有可能缺硫。

②防治措施：土壤缺硫时，可施用含硫的复合肥或硫酸铵、硫酸钾等作基肥。碱土补充硫可施石膏，还可叶面喷施 0.5％硫酸盐溶液。

(7) 缺铁：

①缺铁症状：芋头缺铁时叶绿素形成受阻，常出现叶片失绿黄化症。症状首先发生在幼叶上，而下部老叶则保持绿色。初期失绿的叶片只

是叶脉间褪绿，继而整个叶片变白。若缺铁严重，叶片上还会出现褐色斑点和坏死斑块，并导致整片叶枯死脱落。前茬是豌豆、甜菜、花生、菠菜等地块，有可能缺铁。

②防治措施：播种前基施腐熟有机肥配施硫酸亚铁。生长中后期及时喷施 0.1%～0.2%硫酸亚铁溶液。

(8) 缺硼：

①缺硼症状：缺硼时输导组织受损，叶片中大量同化物质积累，分生组织中缺少糖，生长素的运输需要糖，而糖的运输需要硼。因此，缺硼时叶绿体膜易破碎。严重缺硼时，芋头易生腐心病，又称褐腐病。

②防治措施：播种前基肥施用腐熟有机肥的同时，配施硼砂。生长中后期发现缺硼时及时喷施 0.1%～0.3%硼砂溶液，间隔 10 天左右，连续 2～3 次。

(9) 缺锌：

①缺锌症状：芋头缺锌时叶片发育不良，叶向背面反卷，叶边和叶缘焦枯。

②防治措施：播种前基肥一定要施足有机

肥，并配施硫酸锌。生长中后期，发现缺锌时及时喷施 0.1% 的硫酸锌溶液。

（10）缺锰：

①缺锰症状：缺锰先从新叶开始，新叶的叶脉间失绿，老叶叶脉间发黄，严重缺锰时，叶脉组织出现细小黄色斑点，类似花叶症状，而后黄斑扩大，逐渐向老叶发展。

②防治措施：播种前结合整地施足基肥的同时，亩施 1～4 千克硫酸锰。生长期间注意田间排水，防止土壤湿度过大，避免土壤溶液处于还原状态，降低锰的有效性。中后期发现植株有缺锰症状，及时喷施 0.1%～0.2% 硫酸锰溶液，间隔 10 天左右，连续 2～3 次。

88. 芋头主要栽培类型与品种有哪些？

我国栽培芋头的历史悠久，生态条件多样，形成了丰富的类型与品种。

（1）类型：根据张志等对芋头的调查研究，提出了芋头的演变、分类及各类中主要品种名称。

叶用变种：以无涩味的叶柄为产品，一般植株矮小，球茎不发达或品质低劣，不能食用。属于水芋类型的有广东红柄芋、云南元红弯根芋等。属于旱芋类型的有浙江香柄芋、四川武隆叶柄芋等。

球茎变种：以肥大的球茎为产品，叶柄粗糙，涩味重，一般不作食用。依母芋及子芋发达的程度和着生的习性，又可分为以下类型：

魁芋类：喜高温，植株高大，生长期长。在我国广东、广西、台湾及福建中部、南部栽培为主。如四川宜宾的串根芋、福建的笋芋、竹芋、白芋、面芋，台湾的面芋、红芋、槟榔芋、竹节芋、糯米芋，浙江的奉化芋及广西的荔浦芋等。魁芋类以食母芋为主，子芋小而少，有的仅供繁殖用。母芋重可达 1.5～2.0 千克，占球茎产量的一半以上，品质优于子芋。淀粉含量高，肉质细腻，香味浓，品质好。

多子芋类型：多子芋类型品种繁多，属于水芋绿柄品种的有重庆绿梗芋、宜昌白荷芋等。红柄品种的有福建清水芋、长沙姜荷芋、鸡婆芋、宜昌红芋、乌荷芋等。属于旱芋绿柄品种的有上海、杭州的白梗芋、浙江余姚的黄粉芋、长沙的狗头芋等。属于旱芋红柄品种的有余姚的乌脚芋、上海的红梗芋、江西新余的红子芋、乌荷芋等。多子芋类型的特点是母芋大于子芋，子芋大而多，无柄，易分离。品质优于母芋，质地一般为黏质，母芋重量小于子芋总重量。

多头芋类型：多头芋类型一般为旱芋。绿柄品种有浙江金华的切芋，广东、广西的狗爪芋等。紫柄品种有福建的长脚九头芋，广东的紫芋等。多头芋球茎分蘖丛生，母芋与子芋及孙芋无明显差别，互相密接重叠成整块，球茎质地介于粉质与黏质之间。

长江中下游地区栽培较多，可以选用的品种属于多子芋类型的有上海、杭州的白梗芋和红梗芋，江苏武进的香梗芋，湖北宜昌的乌禾芋，湖南浏阳的红芋。属于大魁芋类型的有江苏宜兴的龙头芋，浙江奉化的大芋艿，福建的槟榔芋等。属于多头芋类型的有广州的狗爪芋，四川的莲花芋，浙江的切芋等。在长江下游地区因生长期较短，多头芋栽培不多。

（2）主要栽培品种：

①魁芋：

荔浦芋：晚熟地方品种，魁芋类，产自广西荔浦县，以广西地区栽培最多，已有200多年的栽培历史，该品种出口外销很受欢迎。该品种耐肥，旱栽，亩产量约 1 500～2 000 千克。株高 130～170 厘米，叶柄上部近叶片处紫红色，下部绿色，叶片盾形，长 50～60 厘米，宽 40～55 厘米。母芋长筒形，1.0～1.5 千克，大者可达 2.5 千克以上。该品种球茎表皮黄褐色，鳞片深褐色，节间较密，芋肉灰白色，有明显的紫红色槟榔纹。以食母芋为主，肉质细、松、粉，香味浓郁。

福鼎芋：地方品种，产自福建省福鼎县，魁芋类。福建槟榔芋也叫四季芋，包括福鼎芋和竹根槟榔芋 2 个品种，适于水田栽植，主要分布在闽东北、福州地区及浙南温州一带，广东潮汕地区也有一定的种植面积。福鼎芋株高 170～200 厘米，最大叶片长 110 厘米，宽 90 厘米。旱栽，亩产量 1 800～2 000 千克，高产者可达 2 400 千克。母芋卵圆形，单个母芋重 3～4 千克，大者可达 7 千克以上。芋芽淡红色，芋肉白色，有紫红色花纹。以食母芋为主，肉质细、松、粉，香味浓郁，出口外销很受欢迎。

②多子芋：

鄂芋1号、鄂芋2号：均系武汉市蔬菜科学研究所选育。鄂芋1号属早中熟白芽多子芋，叶柄紫黑色，子孙芋卵圆形，芋形整齐，棕毛少，单株母芋1个，子孙芋25个左右，单株子孙芋质量1.4千克左右。一般8月每亩可采收青禾子孙芋1 200千克左右；10月下旬采收老熟子孙芋2 200～2 500千克。鄂芋2号属晚熟红芽多子芋，生长势较强，耐旱性也较强。叶柄乌绿色，母芋芽色淡红，子孙芋卵圆形，芋形整齐，棕毛少，单株母芋1个，单株子芋7个左右，子芋质量80克左右，单株孙芋8～10个，孙芋平均质量38克左右。一般每亩子孙芋产量1 800千克左右。

金华红芽芋：金华市农业科学研究所和浙江农业大学生物技术研究所选育。中晚熟多子芋类型，全生育期200～210天。子芋长卵圆形，孙芋卵圆形，表皮棕褐色，肉质乳白色。单株子芋10个、孙芋6个。子芋平均重80～90克，孙芋平均重27.7克，10月下旬采收，亩产量2 500～2 800千克。

莱阳8520：莱阳农学院选育。早熟多子芋，生育期 178 天。子孙芋卵圆形，棕毛少，商品性好。单株子芋 20 个，子芋平均质量 60 克，9 月中旬采收，亩产量 3 700 千克。

③多头芋：

狗蹄芋：地方品种，多头芋类型，产自福建漳州。株高 127 厘米，株型紧凑。叶片卵形绿色，长 35 厘米、宽 25 厘米，叶柄浅绿色。母芋长圆形，芽白色。有棕褐色纤毛和鳞片。子芋与母芋紧密相连。单株球茎重 1.5 千克。8 月中旬至 10 月下旬均可上市，亩产量 2 000 千克左右。

莲花芋：地方品种，多头芋类型，产自四川省宜宾地区。株高 90 厘米左右，芋球茎扁平状，母芋、子芋连接成块。芽红色，外皮红褐色，球茎肉质致密，淀粉多，水分少，香味浓。旱栽，亩产量 1 000~1 500 千克。

④花用芋：

普洱红禾花芋：地方产品，属花用红芋变种，滇南芋，产自云南省普洱，为云南省特产蔬菜，在昆明和滇南普遍栽培。母芋、子芋、叶柄和花茎均可食用，主要食用花茎和叶柄，而以花茎的风味最佳，市场上被列为时鲜蔬菜，价值较高，生产上多以采花茎为主要栽培目的。叶片箭形，正面绿色，背面粉红色。叶柄紫红色，叶柄肉质，上端细，基部宽，呈鞘状。根系发达，主要着生于母芋的中下部，大的子芋上也有着生，均系不定根。根毛少，主要以不定根上的侧根替代根毛作用。母芋较大，呈圆球形，子芋着生于母芋中下部，一般少而小，形状不一。每花序可产生3～4根花茎，每株可抽生花序5～9根，花序肥嫩，紫红色。5～8月可陆续采收花柄，亩产花柄300～500千克。

（二）毛芋高产栽培技术

89. 魁芋旱地栽培技术有哪些？

（1）整地和施足基肥：

①择地：选择水源充足、排灌便捷、无污染、前茬不是芋或薯芋类作物、土层深厚、土质疏松、有机质丰富、保水保肥能力强的壤土或沙壤土田块作为商品芋头栽培田，种芋繁殖田不能选在病区。

②整地起畦：芋头根系分布较深，播种前应提前深耕晒垡，使土壤疏松透气，含热量多，特别是魁芋应深耕30厘米以上。经两犁一耙，并

根据选择的种植密度进行精耕细作、起畦或作垄。一般商品芋生产栽培推荐采用厢畦面宽0.8～1.0米、沟行宽1.0～1.1米单畦双行种植，也可采用行距1.0～1.2米单畦单行种植。

③施足基肥：旱芋宜用含热量多的、充分腐熟的堆肥、厩肥、禽粪等为基肥。在整地时结合犁耙，每亩沟施或穴施有机肥3 000～4 500千克，或氮磷钾复合肥50千克、饼肥50千克、草木灰25～50千克。有利于促进根系和球茎的生长发育。

(2) 品种选择： 根据当地消费习惯和市场需求，选择商品性好的产量高的品种，如荔浦芋、福鼎芋、奉化大芋艿等。

(3) 种芋选择及标准： 宜选择无病虫霉烂、个体饱满的优良品种做种芋。一般生产种芋20～30个/千克，每亩用种75～100千克；组培苗 H_1 代种芋40～60个/千克，每亩用种30～50千克。若采用脱毒种芋会更好。

(4) 种芋催芽： 在播种前20～30天进行催芽。催芽前最好用50%多菌灵可湿性粉剂，或75%百菌清可湿性粉剂，或72%农用链霉素等杀菌剂1 500倍液,加90%敌百虫晶体(最终浓度800倍),或10%吡虫啉(最终浓度1 500倍),浸种30分钟,按每平方米5千克的量将种芋排于苗床上,覆细土或河沙3厘米,苗床淋透水后覆盖薄膜,以保温保湿促进萌发,在芋芽露出1~2厘米时即可种植。

(5)**适时定植**:一般在春季气温回暖稳定在15℃以上即可定植。不同栽培区种植时间有所差异。广西桂北地区、福建种植区于2月中下旬至3月上旬,广西南部、广东、云南于2月上旬,湖南衡阳以南于4月上旬,长江中下游及以北地区在4月中旬定植。一般魁芋类植株开度大,生育期长,种植密度宜稀,推荐每亩种植1 800~2 300株。广东部分地区有起高垄(50厘米)打深穴(25厘米)种植大芋头的习惯,每亩种植500~600株,亩产量1 350千克。

一般采用地膜覆盖种植。种植前7天喷施一次95%精异丙甲草胺乳油(有效成分每亩50~80毫升)除草剂,最好能用30%恶毒灵1 000倍液配成消毒液,每亩150~250千克均匀淋施于畦面,进行土壤消毒。定植时,将种芋芽略朝下倾斜约 45°角摆放好，覆盖 3 厘米左右的细土，并淋足定根水，覆盖地膜。当芽顶起地膜时，开直径约 15 厘米的孔，让苗露出。建议采用黑色地膜覆盖栽培，可提高土壤温度，改善生态环境，促进芋苗早生速长，还可保湿保肥，抑制杂草生长，减少病害发生和农药化肥投入，降低生产成本。

（6）田间管理：

①配方施肥：魁芋植株高大，生长期长，需要充足的养分供应。建议以土壤营养诊断配方施肥技术为科学依据，除施足基肥外，还要多次追肥。施肥原则视苗情确定施肥次数和施肥量。基肥充足，芋苗长势旺盛，可少施肥或不施肥，以防徒长，影响产量；一般采用地膜覆盖栽培，主要是以基肥为主。幼苗期（3～4 月）开始，可施少量稀薄肥料，作为提苗肥。每月每亩淋施腐熟农家粪水 5 000 千克或 0.3%～0.5%氮磷钾复合肥液约 500 千克；发棵期（5～7 月）在植株间结合掀膜重施追肥，每月每亩追施氮磷钾复合肥 100～150 千克或腐熟粪尿水 22 000 千克或饼肥 750 千克，并进行深中耕培土 1～2 次；球茎

膨大期（8～9月），8月初每亩追施磷钾复合肥50～75千克，并加施硫酸钾20～25千克；8月底至9月初封行前一般不施氮肥，视植株长势，每亩追施高钾型腐殖质复合肥20～30千克，并结合喷施叶面肥。

②合理浇水：芋头为喜湿作物，忌干旱怕水淹。在其生长期间需要做好防旱防涝管理，采用干湿交替法，保持土壤见干见湿，以利发根。一般前期以浇淋湿畦或灌浅水为主。在3～4月要一直保持土壤湿润，忌浇大水；5～8月厢沟应有7～8厘米水层（水面保持距畦面18厘米），以防高温危害叶片。特别是8～9月土壤不能干旱，以确保芋头球茎正常生长发育与增重。收获前20天排水晒田，保持土壤干燥，以利于收后的贮藏。

有条件的地方最好采用膜下水肥一体化滴灌栽培技术，既可省水省肥降低成本，又可防止病原菌随水串灌，造成病害扩散而增加农药费用，有利于优质、高产、高效。

③早除侧芽：芋头植株长到7～8叶时开始出现分蘖，在分蘖长到一叶一心时，用小刀或竹

片将分蘖的生长点切除，注意不要伤及母芋和根系，以避免子芋和母芋争夺养分而影响母芋的生长发育和增重。若需留种芋则可少除或不除侧芽。当叶片衰老或枯萎时，应及时割除清理。

④中耕培土：芋头从出苗或定植成活到封行前要进行多次中耕除草，以提高地温，促进早发。在追肥前、下雨或灌溉后，土壤板结，需及时进行中耕除草。芋头根系再生力较弱，中耕宜浅，以防伤根。封行后如有杂草，不宜中耕，应及时拔除。

分次培土壅根能促进球茎的生长发育。芋头若不培土壅根，任其自然生长，新芋大部分露出地面，受光照雨淋、时冷时热等不利条件的影响，须根不易长出，养分吸收受到限制，则球茎难以膨大。若不培土，子芋顶芽当年萌发成分蘖，消耗养分。培土能抑制分蘖的形成和增加子芋的产量。

第一次培土多在株高 25～30 厘米时进行，珠江流域多在 5 月中下旬、长江流域多在 6 月中下旬结合中耕，将垄沟拉平，使土壤覆盖于植株基部。第二次培土正值子芋开始形成和母芋膨大阶段，一般在第一次培土后 20 天左右、植株旺盛生长即将封行时进行，珠江流域多在 6 月下旬、长江流域多在 7 月下旬，将植株间的泥土培到植株基部，使芋行变成垄，行间变成沟，一般高 15～20 厘米。一次培土不宜过厚，否则会妨碍根系呼吸，并使叶柄伸长，降低品质。培土应在土壤干湿适中时进行，便于操作。培根的泥土要细碎均匀，确保球茎正常膨大，芋形端正。

⑤控制徒长：5～6 月芋头植株进入旺盛生长期，为了防止植株过分徒长，消耗养分，可调节株型，保证田间合理群体布局，提高通透性和光合作用效能，促进球茎发育，降低病害发生率，可根据植株长势，在 6 月上旬（株高 1.0 米左右）每亩用多效唑溶液 0.2～0.3 千克（兑水 500 千克）灌根。若植株长势过旺，可在淋施后 20 天再淋或喷叶一次（每亩 80～90 克），一般株高控制在 1.0～1.3 米为宜。

(7) 适时收获：一般在长江以南 2 月底至 3 月初种植，11 月可收获。可根据市场需求，最迟可留至 12 月霜冻前收获。种芋可在收母芋时一起收存备用，也可留至翌年开春种植前收获。

90. 魁芋水田栽培技术有哪些?

（1）择地：水田宜选择水源充足、无污染、排灌便捷，土壤富含有机质，保水保肥能力强，前茬不是薯芋类作物的壤土或黏壤土，pH5.5～7.0的水田、低洼地或水沟边地块，并在种植前1～2个月深犁翻地晒垡。犁地时可每亩撒施生石灰100千克，进行土壤消毒和改善土壤理化性状。

（2）选种及育苗：必须根据品种特性和土壤肥力状况，选种适合当地气候条件的高产优质品种。高海拔或纬度高的地区宜选择早熟品种，以确保芋头植株充分生长所需的有效积温和时间。种芋要求无畸形、无病虫害、芋形饱满、大小一致（约50克左右），每亩种植1 500～2 500株，需芋种75～125千克。

在播前1～2个月进行催芽育苗。一般先将种芋晾晒2～3天，再用50%多菌灵可湿性粉剂800倍液或75%农用链霉素2 000～3 000倍液浸泡0.5～1.0小时，而后将种芋芽朝上按2厘米间距排在苗床上，覆盖河沙或细土，淋透水后搭建小拱棚盖地膜（如在大棚内育苗可直接覆盖地膜），进行保温保湿育苗。当芽萌发露出 3～5 厘米时揭去地膜，视苗情浇淋 0.3％复合肥液，促进芋苗健壮生长。当种苗生长至 15 厘米左右、拥有 2 片叶时即可揭去拱膜（大棚膜）炼苗备栽。部分无霜冻或轻霜冻地区，种芋可直接留在地里，待来年春季气温适宜时挖出，经杀菌剂处理后移栽至大田。

（3）整地施基肥：整地时要施足基肥，水芋的基肥可用厩肥、沟泥、河泥，还可用青草或菜叶做绿肥。一般每亩施用腐熟厩肥或堆肥 4 000～5 000 千克或腐熟豆麸 300 千克、茶麸 50 千克、过磷酸钙 25 千克、草木灰 50 千克。肥料充足时可在最后一次耕地前撒施；肥料较少时可按种植行开沟条施于沟底，并与沟土混合，以利经济用肥。

（4）适时定植：当气温稳定在 15℃时，即华南地区 2 月初至 3 月底，湖南南部及其他宜植地区 4 月上旬定植。一般采用双行（行宽 70～80 厘米，每双行间距 120 厘米，每亩 1 800～2 300株）或单行种植（行距 100～110 厘米，每

亩 1 600～2 000 株）。定植时水田里的水层保持
2～3 厘米，将种苗根朝下竖直种入泥 3～5 厘米
（以刚好埋过种球为准），用泥浆将苗固稳扶直
即可。

（5）**适时追肥：**定植后 7 天晒田灌水前，追
施一次促苗回青肥，每亩施腐熟粪水或腐熟麸粪
水 500 千克或氮磷钾复合肥（28-7-11）10 千克。
此后间隔 15～20 天追肥 1 次，每次每亩施用复
合肥 10～15 千克。6～8 月每月追肥 1 次，每次
每亩施用复合肥 25 千克、硫酸钾 15～20 千克。
一般 9 月以后不施肥，以防徒长。若植株叶片出
现早衰，可及时喷施适量磷酸二氢钾叶面肥，以
延缓衰老。

（6）**合理浇水：**定植后田间保持 2～3 厘米
浅水层，5～7 天让水自然落干，晒田 2～3 天，
以提高土温，促进根系发育和植株生长。当土壤
表面出现轻微裂纹时即可灌浅水保持 7 天，如此
再进行干湿交替管理 1～2 次，以后保持 5～7 厘
米水层到高温季节（7～8 月）才将水层加深到
10～15 厘米。秋季气温下降，可降低水层至 2～
3 厘米，球茎膨大期和成熟期不能干旱，否则将

影响品质和产量。

(7) **及时除蘖**：植株长出 5～6 片叶时就出现分蘖。当分蘖长至一心一叶时要及时用窄刀或竹片将分蘖铲除。除蘖前应先将田水放干，除蘖后待切口稍干即可喷施（切口及附近土壤）75％农用链霉素 2 000 倍液，防止病菌侵染。待伤口药液吸干即可灌水入田。当株高 1 米左右时可根据需要适当留芽做种。

植株生长期间若发现有病烂或衰老枯叶或枯萎病株等，要及时割除或挖除，并清理到安全（非芋植区）地区销毁。

(8) **适时收获**：大约在 10～11 月，当芋头叶片枯黄球茎成熟时，提前 15 天排干田水即可收获，也可根据市场需求留到霜冻前收获。部分无霜冻地区还可留到翌年春节前收获。

91. 魁芋水旱两段式高产栽培技术有哪些？

在广西、广东、海南等部分地区，有采用前期水栽和中后期旱栽的两段式栽培方式。在 3～4 月初定植，然后按水芋栽培方式进行浅水管理；5 月底至 6 月初结合追肥逐次培土起畦，按旱芋中后期田间管理。10 月至霜冻前收获。

由于前期采取水培，有利于控制杂草生长，减少虫害，降低生产成本；中后期芋头植株进入旺盛生长期，采用起畦保湿栽培，有利于提高土温，促进植株及球茎生长发育，能获得高产优质产品。

92. 多头芋高产栽培技术有哪些?

（1）**土壤选择：**宜选择土层深厚、富含有机质、光照充足、排灌条件良好的沙质壤土田块。

（2）**整地施足基肥：**定植前深翻 30 厘米以上，以利根系深扎。由于芋头需要经常灌水，土地必须整平，以防灌水不匀，影响全田均衡高产。结合整地每亩基施腐熟有机肥 2 500～4 000千克、过磷酸钙 30～50 千克、硫酸钾 25 千克。

（3）**品种选择：**选择优质、高产、抗性强、商品性好、符合目标市场消费习惯的优良品种，如狗蹄芋、莲花芋等。

（4）**种芋选择：**选择球茎粗壮饱满、无病虫害、形状完整的芋作种。切块重 60～80 克，每个切块上有 1～2 个充实芽眼。切好的芋块要用多菌灵溶液浸泡 5 分钟或切面蘸草木灰，然后放阴凉通风处 10～20 小时后即可播种。

(5) **催芽育苗：** 选择背风向阳的空地做苗床。底土要紧，先铺一层松土，厚度以能插稳种芋为度，整平后即可排种。春分前后即可将种芋密排于苗床，用细土将芋种盖没，上面覆盖一层稻草，保持土壤湿润，苗床温度夜间不低于 13℃，白天 20～25℃，约 2 周左右即可出芽。当幼苗高 5～10 厘米时即可移栽。

(6) **适时定植：** 当气温稳定在 13℃ 以上时移栽，春早栽培应采用地膜加小拱棚，幼苗出土后及时破膜引苗。株行距 0.35 米×0.75 米，每穴栽植一个芽块的种芋，并置于穴深处，再用细土盖平压实。每亩栽植 2 000～2 500 株，用种量约 120～150 千克。

(7) **田间管理：**

肥水管理：芋施肥原则为施足基肥的同时，追肥以芋生长前期勤施薄施、中期要重施、后期少施或不施；基肥以有机肥为主化肥为辅；追肥以氮钾肥为主，磷肥为辅。

提苗肥：在幼苗第一片叶展开时，育苗移栽的在栽植 7～10 天后，每亩浇施腐熟有机肥 1 000 千克加尿素 5 千克，兑水后施入。

发棵肥：植株旺盛生长期，每亩浇施腐熟有机肥 1 500～2 000 千克加硫酸钾 10～15 千克。兑水后施入。

球茎膨大肥：一般在 8 月上旬植株进入结薯期，地上部生长逐渐停止，球茎开始膨大，每亩追施尿素 5 千克加硫酸钾 10 千克，兑水后施入。同时保持土壤含水量 70%～80%，促使球茎迅速膨大。

多头芋整个生育期应保持土壤湿润，遇干旱需及时浇水。

中耕培土：常规栽培多头芋时，一般需进行两次中耕除草培土，小暑（发棵期）一次，大暑一次。大暑时结合第二次追肥进行，培土厚度 15～20 厘米，保持分生子芋不露出地面。春季提早栽培时，中耕培土应适当提前。

(8) 适时收获：常规栽培一般在 9 月中下旬茎叶变黄到翌年 3 月均可采收；春提早栽培可在 7 月中下旬收获。冬季有冻害的地区，春后收获时要覆盖泥土或稻草。收获后应及时清洁田园，将病残叶、杂草、农用地膜等清理干净，集中进行无害化处理。

93. 花柄用芋高产栽培技术有哪些？

整地施肥：应选择至少3年内未种过薯芋类的地块，在前作收获后及时深翻晒垡，熟化土壤。结合整地每亩基施腐熟农家肥2 500～4 000千克。定植前充分碎垡，土地整平后开沟做垄，垄面宽2.0～2.5米，沟宽25～30厘米，沟深20～30厘米。播种时再施用氮磷钾三元复合肥50千克、过磷酸钙80～100千克、硼砂1～2千克，沟施在两穴之间。

准备种苗：选择具备生长稳健、花期早、花芽芽眼多的花柄用芋品种，如普洱红禾花芋、花头芋等。从无病田块中挑选母芋留种，于10月中下旬挖出芋球，抖净泥土，将母芋和子芋分离，切除上年残存的种芋，挑选圆正饱满、无病斑、无虫口、单球重200克左右的母芋做种。留近顶芽5厘米处的心叶，其余的割除，拔掉须根，晾干后集中堆放在阴凉、通风、干燥处保存。需经常翻动芋种，并及时剔除烂芋。播种前将种芋的侧芽抹去，确保养分集中供主芽长成健壮新株，多抽生花茎。于播种当天可用功夫3 000倍液加敌克松1 000倍液浸种30～60秒，进行种芋消毒。

适时播种：根据各地气候条件，于 3 月中上旬的晴天，按行距 90 厘米开种植沟（沟深 20 厘米）、株距 40 厘米下种，每穴 1～2 球。在种植沟底埋种，头部芽眼朝下，后覆土 5～10 厘米，浇透水覆盖地膜。每亩用种（母芋）约 300～500 千克。

田间管理：

适时追肥：花柄用芋需肥量大，除施足基肥外，生长期间需追肥 3～4 次。

提叶肥：在展叶后每亩追施尿素 10～15 千克、过磷酸钙 15～20 千克，混合均匀后兑水浇施，可促进根系生长和换头。

球茎膨大肥：在 3～4 叶期结合培土，每亩追施氮磷钾复合肥 15 千克、尿素 10 千克，促使换头后的母芋充分膨大，积累足够的营养确保花芽分化。

催花肥：在 6～7 叶期结合提沟培土，每亩追施三元复合肥 25 千克、硫酸钾 10 千克，以促进花梗和母芋健壮生长，花色艳丽，商品性好。

花后肥：初花后每隔 10～20 天，每亩追施尿素 10～20 千克、硫酸钾 5～10 千克，穴施后及时浇水，并用磷酸二氢钾叶面喷施，间隔 7～10 天一次，连续 2～3 次。

适时浇水：芋头喜湿怕旱，整个生育期要保持土壤湿润。出苗后土壤要保持见干见湿，7～10 天浇水 1 次；抽薹现蕾后也要保持土壤湿润，根据墒情 5～7 天浇水 1 次。浇水忌中午高温时进行，应择阴天或早晚。土壤水分适宜时，植株长势为早晨叶尖挂水珠，白天不上卷。

适时采收：当花梗抽出足够长度、花苞待开放时及时采收。一般始花期和末期 2～3 天采收 1 次，盛花期 1 天 1 次。采收过早产量低，采收过迟花苞开放后色泽转淡，品质变差，商品性降低。一般于下午进行采收，将芋花沿叶柄（芋花与叶柄呈 90°左右夹角）的方向往外掰下，然后捏住花梗基部轻轻拔起，尽量不要损伤叶片。最后按花梗长短和花苞大小分别扎把，4～5 枝扎成一把，使花苞相齐，扎好后放置在背风阴凉处，防止芋花失水，影响商品外观。上市前再用利刀截掉花梗基部，使其长短整齐一致，短时间内刀口不会发黑，色泽鲜艳美观。

留种：在地下水位低、冬季气温高、霜冻轻的地区，可任其在地里越冬，来年栽植前 15 天浇透水，促使发芽，栽植时再挖出。若地下水位高或不留种的地块可于当年 10 月中下旬挖起上市或贮藏留种。

（三）毛芋主要病虫害防治技术

94. 如何诊断和防治芋疫病？

症状：芋疫病又称芋瘟，是芋的一种常见病害之一，主要危害叶片，对叶柄和球茎也有一定影响，发病常引起大量叶片干枯，以至植株枯死，造成减产和品质下降。发病初期，叶片上初生黄褐色圆形斑点，以后逐渐扩大成圆形或不规则形的大病斑，有同心圆状病纹，中间开始腐烂、穿孔，严重时叶肉腐败，残留主脉呈破伞状。潮湿时病斑上可长出稀薄的白色霉状物的孢子梗和孢子囊，植株僵化，影响结芋。

发病规律：病原为芋疫霉菌，称芋疫霉，属卵菌门真菌。病菌主要以菌丝体在种芋的球茎内或病残体上越冬，也能产生厚垣孢子随病残体在土壤中越冬。初侵染主要来源是带菌的种芋，种植带菌种芋长成后即成为中心病株，在环境条件适宜时，可引起周围植株发病，并产生大量孢子囊，借助气流、水流或风雨溅洒传播再染病。病菌喜温暖、高湿的环境，一般连作、低洼、排水不良、种植过密、长势过旺、透风透光欠佳、偏施氮肥的地块发病均重。陆芋较水芋易发病，陆芋中红芽芋、白芽芋较香芋易发病。

防治措施：一是采取农业防治措施，选用无病种芋或从无病区采种。发病严重地块实行1～2年轮作，并实行水旱轮作。加强田间肥水管理，施足基肥，增施磷钾肥，后期避免偏施氮肥。合理密植，株行间透风透光要良好。生长前期要防涝，保持土壤湿润，雨天及时清沟排水，生长旺盛期球茎形成时，宜早晚沟灌，后期保证充足水分，但芋田不能过湿。收获后彻底清除田间的植株病残体，集中异地烧毁。二是药剂防治，生产有机食品的芋田，芋疫病以预防为主，发病初期可喷施200～250倍等量式波尔多液；生产绿色食品的芋田允许使用65%可湿性代森锌500～600倍液，或70%甲基托布津可湿性粉剂1 000倍液，或50%多菌灵可湿性粉剂600～800倍液，或64%杀毒矾可湿性粉剂500倍液，间隔 10 天左右喷施 1 次，共喷 2～3 次，效果较好。

95. 如何诊断和防治芋软腐病？

芋软腐病又叫芋腐败病、芋腐烂病，是芋头经常发生的一种毁灭性病害。近几年该病呈逐年加重发生态势，造成极大损失，已成为制约水芋生产的一大障碍因素。

症状：主要危害芋头叶柄基部及球茎。叶柄受害后首先出现水渍状暗绿色病斑，病斑无明显边缘，随后扩大变褐腐烂，叶片发黄倒伏。球茎染病后腐烂发臭。该病发生时病部迅速软化、腐败，终至全株枯萎以至倒伏，病部散发出恶臭。

发病规律：该病属于细菌性病害，病菌在种芋内及其植株残体内或其他寄主作物病残体内越冬。寄主作物有马铃薯、瓜类、茄科类、芹菜、大白菜、甘蓝、萝卜等多种蔬菜作物。病菌借助雨水、灌溉水及小昆虫活动与农事操作等传播，从伤口侵入致病，在田间辗转危害。在贮藏期间病芋可继续发病并向健芋蔓延。

防治措施：一是农业防治措施，选用抗病品

种，从无病芋田选择健株做种芋，播前剔除病芋，杜绝病源。选择地势高燥、排灌便捷的地块种植；进行 2～3 年轮作，并实行水旱轮作。施用充分腐熟的有机肥，追肥时不宜靠根部太近；及时中耕培土，不灌污水，适时适量浇水，防止土壤忽干忽湿；芋需要多次采摘叶柄，宜造成植株损伤，田间农事操作时尽量不伤及叶柄基部和球茎。可采用高厢起垄栽培，每次采收前降低田间水位至厢面以下，采收叶柄 2～3 天待伤口愈合后再适量浇水，以减少细菌从采摘伤口侵入。二是药剂防治措施：下种前可用 77% 氢氧化铜可湿性粉剂 800 倍液或 30% 氧氯化铜悬浮剂 600 倍液浸种 4 小时，滤干后拌草木灰下种；芋头出苗后、地下球茎膨大前，发现病株开始腐烂或水中出现发酵迹象时要及时排水晒田，然后在患病部位喷洒 72% 硫酸链霉素可溶性粉剂 3 000 倍液，或 1∶1∶100 波尔多液，或 30% 氧氯化铜悬浮剂 600 倍液，或 47% 春雷·氧氯铜可湿性粉剂 500 倍液，或 77% 氢氧化铜可湿性粉剂 500 倍液等，每亩用药液 75～100 升，间隔 10 天，连续喷雾 2～3 次。

96. 如何诊断和防治芋病毒病？

症状：芋病毒病在多头芋、多子芋和魁芋中均有发生，分布广泛，危害严重。芋病毒病主要危害叶片，病叶沿叶脉出现褪绿黄点，扩展后呈黄绿相间的花叶，最后卷曲坏死。新生叶除上述症状外，还常出现黄绿色羽毛状斑纹或抽出扭曲畸形叶片。病害严重时植株矮化，分蘖少，球茎退化变小或不生球茎。

发病规律：病毒可在芋球茎内或野生寄主及其他栽培植物体内越冬，翌年春天播种带毒球茎，出芽后即出现病症。6～7 叶前叶部症状明显，进入高温期后症状隐蔽消失。主要由蚜虫和粉虱传播，长江以南 5 月中下旬至 6 月中旬为发病高峰期。用带毒球茎作母种，病毒随之繁殖蔓延，易造成种性退化。

防治措施：病毒病防治以预防为主，结合芋病毒传播途径，可从培育无病毒种苗、培育抗病毒品种和减少病毒田间传播等 3 个方面制定防治对策。一是采取农业防治措施，选用抗病品种，采用脱毒种苗。二是在蚜虫发生时，及时喷药灭蚜。芋出苗后 7 叶前用菊酯类农药2 000～3 000

倍液，或25％唑蚜威乳油3 000倍液，或40％乐果乳油1 000倍液，或25％噻虫嗪水分散粒剂10 000～15 000倍液等喷雾防治。三是发病初期药剂防治，可用1.5％植病灵乳油1 000倍液，或10％混合脂肪酸水剂100倍液，或1％菇类蛋白多糖水剂200倍液，或2％宁南霉素水剂300～400倍液等喷雾，间隔10天，连续喷药2～3次。

97. 如何识别和防治芋斜纹夜蛾？

危害特点：斜纹夜蛾以幼虫危害芋叶。初孵化的幼虫群集在卵块附近取食，2龄后开始分散，但分散距离不大。4龄后进入暴食期，呈放射状向邻近叶片分散危害，可由一张叶片扩至几张甚至几十张叶片。初龄幼虫危害芋叶表皮，大龄幼虫咬食叶片成缺刻或穿孔，猖獗时叶片被吃光而仅剩残存叶脉。初孵幼虫日夜取食，大龄幼虫多在傍晚后取食，有时白天也会取食。

发生规律：斜纹夜蛾属鳞翅目夜蛾科，是一类杂食性和暴食性害虫，寄主除芋以外还有莲、甘薯、棉花、大豆、烟草、甜菜等近300余种。春季气候温暖的年份发生期早，数量多。秋冬霜冻来临前芋叶尚绿时仍有发生。危害严重时期在 6 月下旬至 9 月下旬。猖獗时期是 7~8 月。

防治措施：一是农业防治：清除杂草，收获后翻耕晒田，或灌水，破坏或恶化其化蛹场所。3 龄前结合田间管理随手摘除卵块和群集危害的初卵幼虫，减少虫源。利用成虫趋光性，于盛发期使用黑光灯诱杀。利用成虫趋化性配制糖醋液，加少量敌百虫诱蛾或利用柳枝蘸 90% 晶体敌百虫 500 倍液诱杀蛾子。二是药剂防治：在 1~3 龄幼虫尚未分散之前喷施药剂，每亩可施用 200 亿 PIB/克的斜纹夜蛾核型多角体病毒水分散粒剂 4 克，或 80% 敌百虫可溶性粉剂 90~100 克等。4 龄后夜出活动，施药应在傍晚前后进行，可选用 21% 增效氰马乳油 6 000~8 000 倍液，或 2.5% 高效氯氟氰菊酯乳油 5 000 倍液，或 2.5% 联苯菊酯乳油 3 000 倍液，或 40% 氰戊菊酯乳油 4 000~6 000 倍液，或 20% 菊·马乳油 2 000 倍液，或 4.5% 高效顺反氯氰菊酯乳油 3 000 倍液等喷雾防治，间隔 10 天 1 次，连续 2~3 次。

98. 如何识别和防治红蜘蛛？

危害特点：危害初期叶面呈现黄绿色斑点，长势逐渐减弱。危害严重时叶片卷缩、干枯、变褐色，生长停滞，产量大减。

发生规律：红蜘蛛体形小，肉眼不易看清，刺吸式口器，群集叶背吸食汁液。4～5月对芋苗危害较小，7～8月高温干旱时危害严重。

防治措施：生产有机食品可在芋田周边竖立黄板诱蚜捕杀或悬挂银灰色的薄膜条驱蚜。生产绿色食品允许限量使用低毒农药。在虫害初期喷洒40%乐果乳油1 500～2 000倍液，或80%敌敌畏乳油1 000～1 500倍液，若在上述药剂中加入0.1%肥皂粉，可增加喷雾的黏附性，延长药效期。

99. 如何识别和防治地下害虫？

危害特点：芋的地下害虫有小地老虎、蛴螬、蝼蛄等，常咬食幼苗根茎，使植株生长衰弱，严重时造成缺苗断垄。且虫伤利于病菌侵入，诱发病害。危害期一般在4～9月。

防治措施：一是农业防治：实行水旱轮作，精耕细作，及时镇压土壤，清除田间杂草。在发生严重地区，秋冬翻地可将越冬幼虫翻到地表，使其风干、冻死或被天敌捕食、机械杀伤，防效明显。不施用未腐熟的有机肥。有条件的地区可设置黑光灯诱杀成虫。二是药剂防治：可选用50％辛硫磷乳油1 000倍液，或25％增效喹硫磷乳油1 000倍液，或40％乐果乳油1 000倍液喷洒或灌根。

主要参考文献

ZHUYAO CANKAO WENXIAN

郭洪芸，傅连海，李敏等.1999.芋牛蒡山药栽培技术
　[M].北京：中国农业出版社.

黄新芳，柯卫东，孙亚林，等.2016.优质芋头高产高效
　栽培[M].北京：中国农业出版社.

李颖.2015.图说棚室萝卜马铃薯栽培关键技术[M].
　北京：化学工业出版社.

马国瑞.2004.蔬菜施肥手册[M].北京：中国农业出
　版社.

宋元林，焦喜光，李光.2000.姜山药芋高产栽培与加工
　技术[M].济南：山东科学技术出版社.

宋元林.1998.马铃薯姜山药芋[M].北京：科学技术
　文献出版社.

王迪轩.2014.薯芋类蔬菜优质高效栽培技术问答[M].
　北京：化学工业出版社.

吴志行.2004.薯芋类精品蔬菜[M].南京：江苏科学
　技术出版社.

徐道东，等.1996.薯芋类蔬菜栽培技术[M].上海：

上海科学技术出版社.

赵冰,张瑜,郭仰东.2012.山药马铃薯生产配套技术手
　册[M].北京:中国农业出版社.

图书在版编目(CIP)数据

薯芋类蔬菜高产栽培技术问答/劳秀荣主编.—北京:中国农业出版社,2018.6
(听专家田间讲课)
ISBN 978-7-109-23584-7

Ⅰ.①薯… Ⅱ.①劳… Ⅲ.①薯蓣类蔬菜—蔬菜园艺—问题解答 Ⅳ.①S632-44

中国版本图书馆 CIP 数据核字(2017)第 292072 号

中国农业出版社出版
(北京市朝阳区麦子店街 18 号楼)
(邮政编码 100125)
责任编辑 贺志清

中国农业出版社印刷厂印刷 新华书店北京发行所发行
2018 年 6 月第 1 版 2018 年 6 月北京第 1 次印刷

开本:787mm×1092mm 1/32 印张:7.25
字数:96 千字
定价:16.00 元
(凡本版图书出现印刷、装订错误,请向出版社发行部调换)